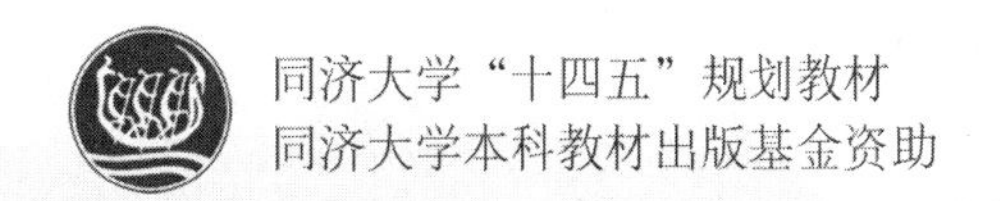

供临床医学、口腔医学、生物信息学、生物技术、康复治疗学、护理学等专业使用

基础化学实验

（第2版）

主　编　许　兵

副主编　乌东北　相　波　韦广丰　费泓涵

邹　菁　辛　珂　高　英

·上海·

内 容 提 要

“基础化学实验”是一门与“基础化学”课程相配套的实验课程，是高等学校临床医学、口腔医学、生物信息学、生物技术、康复治疗学、护理学等相关专业学生必修的一门基础实验课程。本书依据《基础化学实验大纲》的要求编写，书中内容取自部分经典实验内容，在第1版基础上经全面修改、补充、整理而成，实验项目和实验内容更加合理和规范。全书分为化学实验基础知识、基本操作实验、基础原理实验、综合性实验及设计性实验共5章，同时另附实验报告册供学生使用。

本书可供临床医学、口腔医学、生物信息学、生物技术、康复治疗学、护理学等相关专业作为实验基础课教材，也可供专业人员和广大教师参考。

图书在版编目(CIP)数据

基础化学实验 / 许兵主编. —2版. —上海：同济大学出版社，2024.6

ISBN 978-7-5765-1129-1

Ⅰ.①基… Ⅱ.①许… Ⅲ.①化学实验—高等学校—教材 Ⅳ.①O6-3

中国国家版本馆CIP数据核字(2024)第082168号

同济大学“十四五”规划教材　　同济大学本科教材出版基金资助

基础化学实验(第2版)

主　编 许　兵　**副主编** 乌东北　相　波　韦广丰　费泓涵　邹　菁　辛　珂　高　英

责任编辑 任学敏　**责任校对** 徐春莲　**封面设计** 陈益平

出版发行　同济大学出版社　www.tongjipress.com.cn
(地址：上海市四平路1239号　邮编：200092　电话：021-65985622)
经　　销　全国各地新华书店
排　　版　南京文脉图文设计制作有限公司
印　　刷　常熟市大宏印刷有限公司
开　　本　710mm×1000mm　1/16
印　　张　10.25
字　　数　162 000
版　　次　2024年6月第2版
印　　次　2024年6月第1次印刷
书　　号　ISBN 978-7-5765-1129-1

定　　价　36.00元(共两册)

前　言

“基础化学实验”是一门与“基础化学”课程相配套的实验课程，是高等学校临床医学、口腔医学、生物信息学、生物技术、康复治疗学、护理学等相关专业学生必修的一门基础实验课程。本教材是在使用多年的《基础化学实验》第1版的基础上，依据基础化学实验大纲的要求编写而成的。书中内容取自经典实验内容，并且综合参考部分高等医学院校基础化学实验讲义，经全面修改、补充、整理而成。

《基础化学实验》第2版教材修改完善了第1版教材中出现的错误和不足之处，使得实验项目和实验内容更加合理和规范。通过“基础化学实验”课程的学习和实验的训练，学生能够掌握化学实验的基本操作技能和方法，培养自身严谨的科学作风，良好的实验素养以及理论联系实际、观察、分析、解决问题的能力，从而具备实事求是的科学态度，整洁、细致的实验习惯，为今后的科学研究打下坚实的基础。

此书的编写得到乌东北老师、相波老师、韦广丰老师、费泓涵老师、辛珂老师、邹菁老师、高英老师的大力支持，在此一并表示感谢！由于编者水平有限，加之编写时间仓促，书中定有不妥之处，恳求读者批评指正。

许　兵

2023年12月于同济

目　录

第一章　化学实验基础知识

一、基础化学实验的教学目的

基础化学实验是一门实践性基础课程，是医学、药学、生物、化学等相关专业大学生的第一门实验必修课。本课程的主要任务是加强学生化学基础理论、基本知识和基本技能的训练，为学生学习后继课程奠定必要的化学实验基础，也为学生毕业后从事专业工作及进行科学研究提供更多的分析问题和解决问题的思路和方法。

基础化学实验的研究对象可概括为以实验为手段来了解基础化学中的重要原理、元素及其化合物的性质、无机化合物的制备、分离纯化及分析鉴定方法等。通过基础化学实验课的学习，学生应受到以下训练：

(1) 验证和巩固课堂中讲授的重要理论和概念，并适当地扩大知识面。化学实验不仅能使理论知识具体化、形象化，并且能说明这些理论和规律在应用时的条件、范围和方法，较全面地反映化学研究的复杂性和多样性。

(2) 掌握正确的实验操作技能。正确规范的操作才能保证获得准确的数据和结果，从而才能得出正确的结论。因此，化学实验中基本操作的训练具有极其重要的意义。

(3) 具有独立思考和独立工作能力。学生通过细致观察和分析实验现象、认真处理实验数据，可以提高自身科研素养以及正确运用基础理论知识处理具体问题的能力。

(4) 培养科学的工作态度和习惯。科学的工作态度是指实事求是的作风，能忠于所观察到的客观现象。当发现实验现象与理论不符时，应及时检查操作是否正确或所涉及的理论运用是否合适等。科学的工作习惯是指操作正确、观察细致、安排合理等，这些都是做好实验研究工作必备的重要素质。

二、基础化学实验的学习方法

基础化学实验是在教师的正确引导下由学生独立完成的，因此实验效果的优劣与学习态度和学习方法正确与否密切相关。对于基础化学实验的学习，学生应抓住以下三个重要环节。

1. 预习

实验前预习是必要的准备工作，是做好实验的前提。这个环节必须引起学生足够重视，如果学生不预习，对实验的目的、要求和内容不清楚，教师是不允许其进行实验的。实验前，任课教师要检查每个学生的预习情况，查看学生的预习笔记。对没有预习或预习不合格者，任课教师有权不让其参加本次实验。

实验预习要求学生认真阅读实验教材及相关参考资料，明确实验目的、理解实验原理、熟悉实验内容、掌握实验方法、切记实验中有关的注意事项，在此基础上简明、扼要地写出预习报告。预习报告应包括简要的实验目的、实验原理、实验步骤与操作、数据记录表格、定量实验的计算公式等，而且要留有充足的位置来记录实验现象和测量数据。

实验开始前按时到达实验室，专心听实验指导教师的讲解，迟到15分钟以上者禁止进行此次实验。

2. 操作

实验操作是实验课的主要内容，学生必须认真、独立地完成。在实验操作过程中，必须做到以下五点：

(1)“看”：仔细观察实验现象，包括气体的产生，沉淀的生成，颜色的变化及温度、压力、流量等参数的变化等。

(2)“想”：开动脑筋仔细研究实验中产生的现象，分析、解决问题，对感性认识做出理性分析，找出正确的实验方法，逐步提高思维能力。

(3)“做”：带着思考的结果动手进行实验，从而学会实验基本方法与操作技能，培养动手能力。

(4)“记”：善于及时记录实验现象与数据，养成把准确、及时记录数据的良好实验习惯。

(5)“论”：善于对实验中产生的现象进行理性讨论，提倡学生之间或师生之间的讨论，提高每次实验的效率及认知的深度。

另外，实验中自觉养成良好的习惯，遵守实验室规则，实验过程中始终保持桌面布局合理，环境整洁。

3. 完成实验报告

实验结束后，学生要认真概括和总结本次实验，写好实验报告。

一份合格的实验报告应包括以下八方面内容：

(1) 实验名称、日期。

(2) 实验目的：写明实验的要求。

(3) 实验原理：简述实验的基本原理及反应的化学方程式。

(4) 实验仪器与试剂：本实验所用到的仪器和试剂。

(5) 实验内容：学生实际操作的简述，尽量用表格、框图或符号等形式简洁明了地表达实验进行的过程，避免完全照抄课本。

(6) 实验现象和数据记录：实验现象要表述正确，数据记录要完整，绝对不允许主观臆造、抄袭他人的数据，对主观臆造或抄袭者及时批评教育。

(7) 解释结论或数据处理：对实验现象加以明确解释，写出主要反应的化学方程式，分标题小结或者最后得出结论，数据计算要步骤清晰，有效数字保留要规范。

(8) 问题讨论：针对实验中遇到的疑难问题提出自己的见解。定量实验应分析误差产生的原因。学生也可以对实验方法、实验内容提出意见或建议。

每次的实验报告应在下次实验前连同实验原始记录一起交给任课教师。

三、化学实验室安全知识

化学实验室是学习、研究化学问题的重要场所。在实验室中，学生经常接触到各种化学药品和各种实验仪器。实验室常常潜藏着发生爆炸、着火、中毒、灼伤、割伤、触电等事故的危险。因此，实验者必须特别重视实验室安全。

1. 基础化学实验守则

(1) 实验前认真预习，明确实验目的，了解实验原理，熟悉实验内容、方法和步骤。

(2) 严格遵守实验室的规章制度，听从任课教师的指导，实验中要保持安静，有条不紊，保持实验室的整洁。

(3) 实验中要规范操作,仔细观察,认真思考,如实记录。

(4) 爱护仪器,节约水、电、煤气和试剂。精密仪器使用后要在登记本上记录使用情况,并经任课教师检查确认。

(5) 凡涉及有毒气体的实验,都应在通风橱中进行。

(6) 废纸、火柴梗、碎玻璃和各种废液倒入废物桶或其他规定的回收容器中。

(7) 损坏仪器应填写仪器破损单,并按规定进行赔偿。

(8) 发生意外事故应保持镇静,立即报告任课教师,及时处理。

(9) 实验完毕,整理好仪器、药品和台面,清扫实验室,关好煤气、门、窗。

(10) 根据原始记录,独立完成实验报告。

2. 危险品的使用

(1) 浓酸和浓碱具有强腐蚀性,不要把它们洒在皮肤或衣物上。废液应倒入废液缸中,但不要酸碱混合,以免酸碱中和产生大量的热而发生危险。

(2) 强氧化剂(如高氯酸、氯酸钾等)及其混合物(如氯酸钾与红磷、碳、硫等的混合物)不能研磨或撞击,否则易发生爆炸。

(3) 银氨溶液放久后会变成氮化银而引起爆炸,因此用剩的银氨溶液应及时处理。

(4) 活泼金属钾、钠等不要与水接触或暴露在空气中,应将它们保存在煤油中,用镊子取用。

(5) 白磷有剧毒,并能灼伤皮肤,切勿与人体接触。白磷在空气中易自燃,应保存在水中。取用时,应在水下进行切割,用镊子夹取。

(6) 氢气与空气的混合物遇火能发生爆炸,因此产生氢气的装置要远离明火。点燃氢气前,必须先检查氢气的纯度。进行产生大量氢气的实验时,应把废气通至室外,并注意室内的通风。

(7) 有机溶剂(如乙醇、乙醚、苯、丙酮等)易燃,使用时一定要远离明火。用后要把瓶塞塞紧,放在阴凉的地方,最好放入沙桶内。

(8) 进行可能产生有毒气体(如氟化氢、硫化氢、氯气、一氧化碳、二氧化硫、溴等)的反应及加热盐酸、硝酸和硫磺时,均应在通风橱中进行。

(9) 汞易挥发,在人体内会累积,引起慢性中毒。为了减少汞的挥发,可在汞液面上覆盖化学液体：甘油的效果最好，5% Na_2S 溶液次之，水的效果最差。对于溅落的汞，应尽量用毛刷蘸水收集起来，直径大于 1 mm 的汞颗粒可用吸耳球或真空泵抽吸的捡汞器收集。洒落过汞的地方可以撒上多硫化钙、硫磺粉、漂白粉或喷洒药品使汞生成不挥发的难溶盐，并要扫除干净。可溶性汞盐、铬的化合物、氰化物、砷盐、镉盐和钡盐都有毒，不得进入口内或接触伤口，其废液也不能倒入下水道，应统一回收处理。

3. 化学中毒和化学灼伤事故的预防

(1) 保护好眼睛。防止眼睛受刺激性气体的熏染，防止任何化学药品（特别是强酸强碱）以及玻璃屑等异物进入眼内。

(2) 禁止用手直接取用任何化学药品。使用有毒化学药品时，除用药匙、量器外，必须佩戴橡胶手套，实验后马上清洗仪器用具，并立即用肥皂洗手。

(3) 尽量避免吸入任何药品和溶剂的蒸气。处理具有刺激性、恶臭和有毒的化学药品时，如 H_2S、NO_2、Cl_2、Br_2、CO、SO_2、HCl、HF、浓硝酸、发烟硫酸、浓盐酸、乙酰氯等，必须在通风橱中进行。通风橱开启后，不要把头伸入橱内，并保持实验室通风良好。

(4) 严禁在酸性介质中使用氰化物。

(5) 用移液管、吸量管移取浓酸、浓碱、有毒液体时，禁止用口吸取，应该用吸耳球吸取。严禁冒险品尝药品试剂，不得用鼻子直接嗅气体，正确的方法是用手向鼻孔扇入少量气体。

(6) 禁止在实验室内吸烟、进食。禁止穿拖鞋进入实验室。

4. 一般伤害的救护

(1) 割伤：可用消毒棉棒把伤口清理干净，若有玻璃碎片，需小心挑出，然后涂上紫药水等抗菌药物消炎并包扎。

(2) 烫伤：一旦被火焰、蒸汽、红热的玻璃或铁器等烫伤，立即用大量水冲洗伤处，以迅速降温避免深度烧伤。若起水泡，不宜挑破，用纱布包扎后送医院治疗；对轻微烫伤，可用浓高锰酸钾溶液润湿伤口至皮肤变为棕色，然后涂上烫伤膏。

(3) 酸腐蚀：先用大量水冲洗，以免深度烧伤，再用饱和碳酸氢钠溶液或稀氨水冲洗。如果酸溅入眼内也用此法，只是碳酸氢钠溶液改用 1% 的浓度，禁用稀氨水。

(4) 碱腐蚀:先用大量水冲洗,再用醋酸($20\ g \cdot L^{-1}$)洗,最后再用水冲洗。如果碱溅入眼睛内,可先用硼酸溶液冲洗,再用水洗。

(5) 溴灼伤:溴灼伤是很危险的。被溴灼伤的伤口一般不易愈合,必须严加防范。用溴时必须预先配制好适量的20%的 $Na_2S_2O_3$ 溶液备用。一旦溴沾到皮肤上,立即用 $Na_2S_2O_3$ 溶液冲洗,再用大量的水冲洗干净,包上消毒纱布后就医。

(6) 白磷灼伤:用1%的硝酸银溶液、1%的硫酸铜溶液或浓高锰酸钾溶液洗后进行包扎。

(7) 吸入刺激性气体:可吸入少量酒精和乙醚的混合气体,然后到室外呼吸新鲜空气。

(8) 毒物进入口内:把5~10 mL的稀硫酸铜溶液加入一杯温水中,内服后用手伸入咽喉催吐,吐出毒物后再送医院治疗。

5. 灭火常识

实验室内如果着火,要根据起火的原因和火场周围的情况来处理,一般应立即采取以下措施。

(1) 防止火势蔓延:停止加热,停止通风,关闭电闸,移走一切可燃物。

(2) 扑灭火源:一般的小火可用湿布、石棉布或沙土掩盖在着火的物体上;能与水发生剧烈作用的化学药品(如金属钠)或比水轻的有机溶剂着火,不能用水扑救,否则会引起更大的火灾,应使用合适的灭火器扑灭。

6. 实验室急救药箱

为了能够对实验室内意外事故进行及时处理,每个实验室应配备一个急救药箱,药箱内可准备下列物品(表1-1)。

表1-1 实验室急救药箱物品

用途	消毒	烫伤处理	割伤处理	强酸灼伤处理	强碱灼伤处理	中毒处理
急救物品	75%酒精	獾油或烫伤膏	碘酒(3%)	碳酸氢钠溶液(饱和)	醋酸溶液(2%)	硫酸铜溶液(5%)
	高锰酸钾溶液	凡士林	紫药水	氨水(5%)	硼酸溶液(饱和)	
	消毒棉、棉签		纱布			

四、实验室三废的处理

根据绿色化学的基本原则，化学实验室应尽可能选择对环境无害的实验项目。对确实必须开展的实验项目排放的废气、废液和废渣（又称“三废”），如果对其不加处理而任意排放，不仅污染周围环境，造成公害，而且三废中有用或贵重的成分未能及时回收，在经济上也会造成损失。因此，化学实验室三废的处理需要引起重视。

化学实验室的三废处理应该规范化、制度化，应对每次实验产生的废气、废液和废渣进行处理。应要求教师和学生按照国家要求的排放标准进行处理。把用过的酸类、碱类、盐类等各种废液、废渣，分别倒入各自的回收容器内，再根据各类废弃物的特性，分别采取中和、吸收、燃烧、回收循环利用等方法来进行处理。

1. 废气

实验室中凡可能产生有害废气的操作都应在装有通风装置的环境下进行，如加热酸、碱溶液及产生少量有毒气体的实验等应在通风橱中进行。汞的操作室必须有良好的全室通风装置，其抽风口通常在墙的下部。实验室若排放毒性大且较多的有害气体，可参考工业上废气处理的办法，在排放废气之前，采用吸附、吸收、氧化、分解等方法进行预处理。

2. 废液

（1）化学实验室产生的废弃物很多，但以废液为主。实验室产生的废液种类繁多且组成变化大，应根据溶液的性质分别处理。废酸可先用耐酸塑料网纱或玻璃纤维过滤，滤液加碱中和，调节 pH 至 6～8 后就可排出，少量滤渣可埋于地下。

（2）废铬酸洗液可用高锰酸钾氧化法使其再生。少量的废铬酸洗液可加废碱液或石灰使其生成 $Cr(OH)_3$ 沉淀，埋于地下即可。

（3）氰化物是剧毒物质，少量的含氰废液可先加 NaOH 调至 pH>10，再加入高锰酸钾使氰化物氧化分解。

（4）含汞盐的废液先调节 pH 至 8～10，然后加入过量的 Na_2S，使其生产 HgS 沉淀，并加 $FeSO_4$ 与过量 S^{2-} 生成 FeS 沉淀，从而吸附 HgS 共沉淀，再离心分离,清液含汞量降到 0.02 mg·L^{-1} 以下即可排放。少量残渣可埋于地下,大量残渣可用焙烧法回收汞,但注意操作一定要在通风橱中进行。

(5) 含重金属离子的废液,最有效和最经济的方法是加碱或加 Na_2S 把重金属离子转化为难溶性的氢氧化物或硫化物而沉积下来,过滤后,少量残渣可埋于地下。

3. 废渣

实验室产生的有害固体废渣虽然不多,但绝不能将其与生活垃圾混倒。固体废弃物经回收、提取有用物质后,方可对其做最终的安全处理。

(1) 化学稳定。对少量高危险性物质(如放射性废弃物等),可将其通过物理或化学的方法进行玻璃、水泥、岩石的固化,再进行深地填埋。

(2) 土地填埋。这是许多国家固体废弃物最终处置的主要方法。要求被填埋的废弃物应是惰性物质或能经微生物分解成为无害物质。填埋场地应远离水场,场地底土不透水、不能穿入地下水层。填埋场地可改建为公园或草地。因此,这是一项综合性的环保工程技术。

五、实验误差与数据处理

1. 误差

化学是一门实验科学,常常要进行许多定量测定实验,然后由实验测得的数据经过计算得到分析结果。结果的准确与否很重要,不准确的分析结果往往导致得出错误的结论。在任何一种测量中,无论所用仪器多么精密,测量方法多么完善,测量过程多么精细,测量结果总是不可避免地带有误差。测量过程中,即使是技术非常娴熟的实验人员,用同一种方法,对同一试样进行多次测量,也不可能得到完全一致的结果。这就是说,绝对准确是没有的,误差是客观存在的。实验时应根据实际情况正确测量、记录并处理实验数据,使分析结果达到一定的准确度。

在实验测定中,导致误差产生的原因有许多。根据其性质的不同,误差可以分为系统误差、偶然误差和过失误差三大类。

(1) 系统误差

系统误差是由分析时某些固定的原因造成的。在同一条件下重复测定时,它会重复出现,其大小和正负往往可以通过实验测定而加以校正。因此,系统误差又称可测误差。系统误差产生的原因主要有以下三方面：

① 方法误差。分析方法本身不够完善而引起的误差，称为方法误差。例如，滴定分析中，反应进行不完全、有干扰物质存在、滴定终点与化学计量点不一致以及有其他反应发生，都会产生方法误差。

② 仪器或试剂误差。测定时所用仪器不够准确而引起的误差，称为仪器误差。例如，分析天平砝码生锈或质量不准确、容量器具和仪器刻度不准确等都会产生此种误差。测定时，所用试剂或蒸馏水中含有微量杂质或干扰物质而引起的误差称为试剂误差。

③ 操作误差。在正常情况下由主观因素造成的误差称为操作误差。例如，滴定管的读数偏高或偏低，实验人员对颜色的敏感程度不同造成辨别滴定终点颜色偏深或偏浅等。

(2) 偶然误差

偶然误差又称随机误差，是由一些难以预料的偶然外因引起的，如分析测定中，环境的温度、湿度、气压的微小变动以及电压和仪器性能的微小改变等都会引起数据测定的波动而产生随机误差。它的数值的大小、正负都难以人为控制，但其服从统计规律，即大随机误差出现的概率小，小随机误差出现的概率大，绝对值相同的正、负随机误差出现的概率大体相等，它们之间常能完全或部分抵消。随机误差不能通过校正的方法来减小或消除，但可通过增加平行测定次数来减小测量结果的随机误差。在消除系统误差的前提下，用多次测定结果的平均值代替真实值，就保证了结果的准确性。

(3) 过失误差

过失误差是由于分析人员的粗心大意或不按规程操作而产生的误差。如看错砝码、读错刻度、加错试剂，以及记录和计算出错等。这类误差一般无规律可循，只有认真仔细、严谨工作、增强责任意识、提高操作水平，才可避免过失误差。在分析过程中，遇到这类明显错误的测定数据应坚决弃去。

2. 准确度与精密度

绝对准确的实验结果是无法得到的。准确度表示实验结果与真实值接近的程度。精密度表示在相同条件下，对同一样品平行测定几次，几次的分析结果相互接近的程度。如果几次测定结果数值比较接近，说明测定结果的精密度高。

精密度高不一定准确度高。例如,甲、乙、丙三人同时测定一瓶盐酸溶液的浓度(应为0.110 8),测定3次的结果如下:

$$甲:\begin{cases}0.112\ 2\\0.112\ 1\\0.112\ 3\end{cases}\quad 乙:\begin{cases}0.110\ 0\\0.112\ 1\\0.114\ 2\end{cases}\quad 丙:\begin{cases}0.110\ 6\\0.110\ 7\\0.110\ 5\end{cases}$$

	甲	乙	丙
平均值:	0.112 2	0.112 1	0.110 6
真实值:	0.110 8	0.110 8	0.110 8
差　值:	0.001 4	0.001 3	0.000 2
	精密度好	精密度差	精密度好
	准确度差	准确度差	准确度好

从上例可以看出,精密度高不一定准确度高,而准确度高一定要精密度高,否则,测得的数据相差很多,根本不可信,这样的结果无法讨论准确度。

由于真实值未知,通常是进行多次平行测定,求得其算术平均值,以此作为真实值,或者以公认的手册上的数据作为真实值。

准确度的高低用误差(E)表示:

$$E = 测定值 - 真实值$$

当测定值大于真实值,误差为正值,表示测定结果偏高;反之,为负值,表示测定结果偏低。

误差可用绝对误差和相对误差来表示。绝对误差表示测定值与真实值之差,相对误差是指误差在真实值中所占的百分率。例如,上文中丙测定的盐酸溶液浓度的误差为

$$绝对误差 = 0.110\ 6 - 0.110\ 8 = -0.000\ 2$$

$$相对误差 = (-0.000\ 2) \div 0.110\ 8 = -0.2\%$$

偏差用来衡量所得分析结果的精密度。单次测定结果的偏差(d)用该法测定值(x)与其算术平均值($\bar{x}$)之间的差来表示,也分为绝对偏差和相对偏差:

$$绝对偏差\ d = x - \bar{x}$$

$$相对偏差 = \frac{d}{\bar{x}} \times 100\%$$

为了说明分析结果的精密度，可用平均偏差 $\bar{d}$ 和相对平均偏差表示：

$$\bar{d}=\frac{|d_1|+|d_2|+\cdots+|d_n|}{n}=\frac{1}{n}\sum_{i=1}^{n}|x_i-\bar{x}|$$

$$相对平均偏差=\frac{\bar{d}}{\bar{x}}\times 100\%$$

d_i 称为第 i 次测量值的偏差（$d_i=x_i-\bar{x}$，$i=1, 2, \cdots, n$）。

用数理统计方法处理数据时，常用标准偏差 S 和相对标准偏差 S_r 来衡量精密度：

$$S=\sqrt{\frac{\sum_{i=1}^{n}(x_i-\bar{x})^2}{n-1}}=\sqrt{\frac{\sum_{i=1}^{n}d_i^2}{n-1}}$$

$$S_r=\frac{S}{\bar{x}}\times 100\%$$

六、化学实验常用仪器及其应用范围

化学实验常用仪器及其应用范围见表 1-2。

表 1-2　化学实验常用仪器及其应用范围

名称	规格	应用范围	注意事项
试管　离心试管 试管架	分为硬质试管、软质试管、普通试管、离心试管四种。 普通试管以“管口外径×长度”(mm)表示，离心试管以其容积(mL)表示	用作少量试液的反应容器，便于操作和观察。 离心试管还可用于沉淀分析中的分离	(1) 加热后不能骤冷，以防试管破裂。 (2) 所盛试液不能超过试管的 1/3。 (3) 加热时用试管夹夹持，管口不要对人，且要不断移动试管，使其受热均匀。 (4) 小试管一般用水浴加热

（续表）

名称	规格	应用范围	注意事项
 烧杯	以容积表示，如1 000 mL，500 mL，250 mL，100 mL，50 mL，25 mL	反应容器。反应物较多时使用，亦可配制溶液、溶样等	（1）可以加热至高温。使用时应注意勿使温度变化过于剧烈。（2）加热时底部垫石棉网，使其受热均匀，一般不可烧干
 锥形瓶（三角烧瓶）	以容积表示，如500 mL，250 mL，100 mL，50 mL	反应容器。振荡比较方便，适用于滴定操作	（1）可以加热。使用时应注意勿使温度变化过于剧烈。（2）加热时底部垫石棉网，使其受热均匀。（3）磨口三角瓶加热时要打开瓶塞
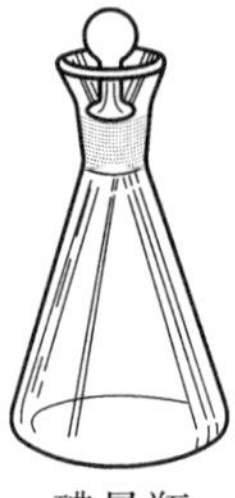 碘量瓶	以容积表示，如250 mL，100 mL，50 mL	用于碘量法或其他生成挥发性物质的定量分析	（1）塞子及瓶口边缘的磨砂部分注意勿擦伤，以免产生漏隙。（2）滴定时打开塞子，用蒸馏水将瓶口及塞子上的碘液洗入瓶中
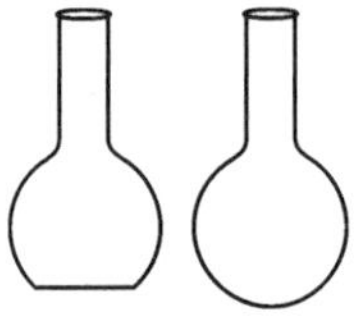 烧瓶	有平底和圆底之分，以容积表示，如500 mL，250 mL，100 mL，50 mL	反应容器。反应物较多，且需要长时间加热时使用	（1）可以加热。使用时应注意勿使温度变化过于剧烈。（2）加热时底部垫石棉网或用各种加热套加热，使其受热均匀
 蒸馏烧瓶 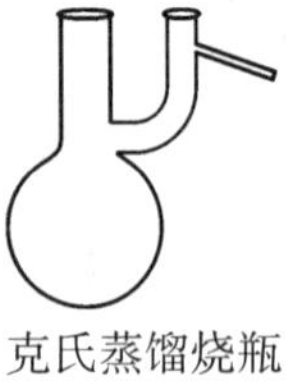 克氏蒸馏烧瓶	以容积（mL）表示	可用于液体蒸馏，也可用于制取少量气体。克氏蒸馏烧瓶常用于减压蒸馏实验	加热时应放在石棉网上

（续表）

名称	规格	应用范围	注意事项
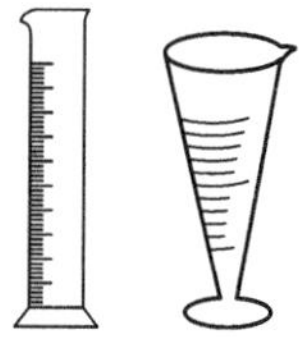 量筒　量杯	以所能量度的最大值表示。 量筒，如 250 mL，100 mL，50 mL，25 mL，10 mL。 量杯，如 100 mL，50 mL，25 mL，10 mL	用于液体体积计量	(1) 不能加热。 (2) 沿壁加入或者倒出溶液
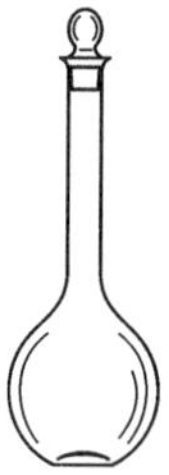 容量瓶	以容积表示，如 1 000 mL，500 mL，250 mL，100 mL，50 mL，25 mL	用于配制准确体积的标准溶液或待测溶液	(1) 不能直接用火加热。 (2) 不能在其中溶解固体。 (3) 漏水的不能用。 (4) 非标准的磨口要用原装磨口塞
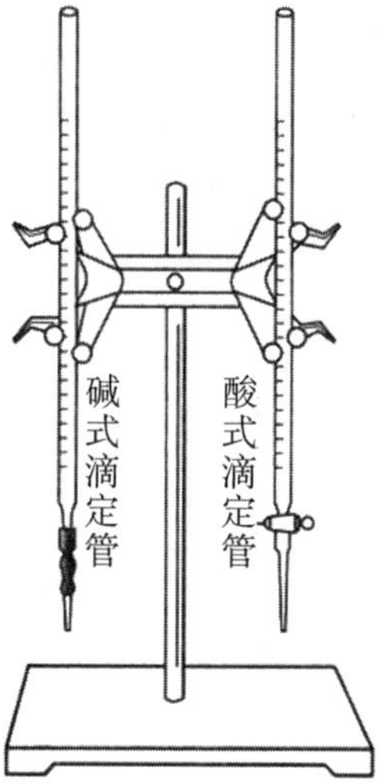 碱式滴定管　酸式滴定管 滴定管架	滴定管分碱式滴定管和酸式滴定管两种，颜色有无色和棕色两种。以容积表示，如 50 mL，25 mL	滴定管用于滴定操作或精确量取一定体积的溶液。 滴定管架用于夹持滴定管	(1) 碱式滴定管盛碱性溶液，酸式滴定管盛酸性或氧化性溶液，二者不能混用。 (2) 碱式滴定管不能盛氧化剂。 (3) 见光易分解的溶液宜用棕色滴定管。 (4) 碱式滴定管活塞应用橡皮筋固定，防止滑出跌碎。 (5) 活塞要用原装的，漏水的不能使用

（续表）

名称	规格	应用范围	注意事项
移液管　吸量管	以所能量度的最大容积表示。 吸量管：如 10 mL，5 mL，2 mL，1 mL。 移液管：如 50 mL，25 mL，10 mL，5 mL，2 mL，1 mL	用于精确量取一定体积的液体	不能加热
滴管	由尖嘴玻璃管与胶帽构成	（1）吸取或滴加少量（数滴或 1～2 mL）液体。 （2）吸取沉淀上层清液以分离沉淀	（1）滴加时，保持垂直，避免倾斜，尤忌倒立。 （2）管尖不可接触其他物体，以免玷污试剂
短颈漏斗　长颈漏斗	以口径和漏斗颈长短表示，如 6 cm 长颈漏斗、4 cm 短颈漏斗	长颈漏斗用于定量分析，过滤沉淀；短颈漏斗用于一般过滤	不能用火直接加热

(续表)

名称	规格	应用范围	注意事项
称量瓶	分矮形、高形，以“外径×高”表示	要求准确称取一定量的固体样品时，矮形用于测定水分或在烘箱中烘干基准物；高形用于称量基准物、样品	(1) 不能直接用火加热。 (2) 盖与瓶配套，不能互换。 (3) 不可盖紧磨口塞烘烤
试剂瓶	材料：玻璃或塑料。 规格：分广口、细口；无色、棕色。以容积表示，如 1 000 mL，500 mL，250 mL，125 mL	广口瓶盛放固体试剂，细口瓶盛放液体试剂。棕色瓶用于存放见光易分解的试剂	(1) 不能加热。 (2) 取用试剂时，瓶盖应倒放在桌上。 (3) 盛碱性物质要用橡皮塞或塑料瓶。 (4) 不能在试剂瓶内配制在操作过程中放出大量热量的溶液
滴瓶	有无色、棕色之分。以容积表示，如 125 mL，60 mL	用于盛放每次使用只需数滴的液体试剂	(1) 见光易分解的试剂要用棕色瓶盛放。 (2) 碱性试剂要用带橡皮塞的滴瓶盛放。 (3) 使用时切忌张冠李戴。 (4) 其他使用注意事项同滴管
分液漏斗　滴液漏斗	以容积和漏斗的形状(筒形、球形、梨形)表示，如 100 mL 球形分液漏斗、60 mL 球形滴液漏斗	(1) 用于向反应体系中滴加较多的液体。 (2) 分液漏斗用于互不相溶液体的液-液分离	活塞应用细绳系于漏斗颈上，或者套以小橡皮圈，防止滑出跌碎

（续表）

名称	规格	应用范围	注意事项
直形冷凝管 空气冷凝管 球形冷凝管	以口径表示	直形冷凝管适用于蒸馏物质的沸点在140 ℃以下。 空气冷凝管适用于蒸馏物质的沸点高于140 ℃。 球形冷凝管适用于加热回流的实验	冷凝管安装好后，先打开冷却水，然后进行加热
表面皿	以直径表示，如15 cm，12 cm，9 cm，7 cm	盖在蒸发皿或烧杯上以免液体溅出或灰尘落入	不能用火直接加热，直径要略大于所盖容器
研钵	厚料制成。规格：以钵口径表示，如12 cm，9 cm	研磨固体物质时使用	（1）不能作为反应容器。 （2）只能研磨，不能敲击。 （3）不能烘烤
干燥器	以直径表示，如18 cm，15 cm，10 cm。分无色和棕色两种	（1）定量分析时，将灼烧过的坩埚置于其中冷却。 （2）存放样品，以免样品吸收水分	（1）灼烧过的物体放入干燥器时温度不能过高。 （2）使用前要检查干燥器内的干燥剂是否失效。 （3）磨口处涂适量凡士林

（续表）

名称	规格	应用范围	注意事项
 煤气灯	材料：铜制和铁制	用于加热	
 水浴锅	材料：铜制和铝制。水浴锅上的圆圈适于放置不同规格的器皿	用于要求受热均匀且温度不超过 100 ℃的物体的加热	（1）注意不要把水浴锅烧干。 （2）严禁把水浴锅作为砂浴盘使用
泥三角	材料：瓷管和铁丝。有大小之分	用于承放热的坩埚和小蒸发皿	（1）灼烧的泥三角不要滴上冷水，以免瓷管破裂。 （2）选择泥三角时，要使放置在上面的坩埚所露出的部分不超过其本身高度的 1/3
石棉网	材料：铁丝、石棉。以铁丝网边长表示，如 15 cm×15 cm，20 cm×20 cm	加热玻璃反应容器时垫在容器的底部，保证加热均匀	不要与水接触，以免铁丝锈蚀，石棉脱落
双顶丝	材料：铁或铜	用来把万能夹或烧瓶夹固定在铁架台上	

（续表）

名称	规格	应用范围	注意事项
烧瓶夹	材料：铁或铜	用于夹持烧瓶的颈或冷凝管等玻璃仪器	头部套有橡皮管以免夹碎玻璃仪器
烧杯夹	材料：镀镍铬的钢制品	用于夹取热烧杯	
坩埚钳	材料：铁或铜合金，表面常镀镍、铬	用于夹持坩埚和坩埚盖	（1）不要和化学药品接触。（2）放置时，应令其头部朝上，以免玷污。（3）夹持高温坩埚时，钳尖需预热
试管夹	材料：竹、钢丝	用于夹持试管	防止烧损（竹制）或锈蚀
移液管架	材料：硬木或塑料	用于放置各种规格的移液管及吸量管	

（续表）

名称	规格	应用范围	注意事项
比色管架	材料：木	用于放置比色管	
铁架台、铁环	材料：铁	用于固定放置反应容器。铁环上放置石棉网，可用于放置被加热的烧杯等容器	
三脚架	材料：铁	用于放置较大或较重的加热容器	
试管刷	以大小和用途表示，如试管刷、烧杯刷	用于洗涤试管及其他仪器	洗涤试管时，要把前部的刷毛捏住放入试管，以免铁丝顶端将试管底戳破
药匙	材料：牛角或塑料	取固体试剂时使用	（1）取少量固体时用小的一端。 （2）药匙大小的选择应以盛取试剂后能放进容器口内为宜

(续表)

名称	规格	应用范围	注意事项
点滴板	材料:白色瓷板。 规格:按凹穴数目分十穴、九穴、六穴等	用于点滴反应:一般不需分离的沉淀反应,尤其是显色反应	(1) 不能加热。 (2) 不能用于含氢氟酸和浓碱溶液的反应
蒸发皿	材料:瓷。 规格:分有柄、无柄。以容积表示,如 150 mL, 100 mL, 50 mL	用于蒸发浓缩	可耐高温,能直接用火加热,高温时不能骤冷
坩埚	材料:瓷、石英、铁、银、镍、铂等。 规格:以容积表示,如 50 mL,40 mL,30 mL	用于灼烧固体	(1) 灼烧时放在泥三角上,直接用火加热,不需要石棉网。 (2) 取下的灼热坩埚不能直接放在实验台上,要放在石棉网上。 (3) 灼热的坩埚不能骤冷
布氏漏斗	材料:瓷	用于减压过滤	

七、基础化学实验基本操作

(一) 玻璃仪器的洗涤

1. 洗涤要求

玻璃仪器洗涤干净的标准是仪器内壁不附挂水珠,洗净的仪器再用少量蒸馏水冲洗 2~3 次。

2. 洗涤方法

(1) 刷洗:用毛刷蘸取去污粉或洗衣粉来回柔力刷洗仪器。

(2) 洗液洗:此法适用于口小管细的仪器,方法是加入少量洗液润洗仪器内部各部位,来回转动数圈后,将洗液倒回原瓶,再用水冲洗干净。若用洗液将仪器浸泡一段时间或采用热洗液洗涤,则效果更好。洗液(通常为铬酸洗液)可反复使用,若呈现绿色(重铬酸钾还原为硫酸铬的颜色),则失去去污能力。

(二) 干燥

干燥的方法有烘干、烤干、晾干、吹干和干燥器干燥等不同的方法,可用于仪器干燥和样品干燥。

1. 烘干

(1) 将洗净的仪器放在电烘箱(图 1-1)内烘干(控制温度在 105 ℃左右,恒温加热 30 min)。

(2) 仪器口朝下放时,要在烘箱底层放一个搪瓷盘,防止水滴下与电炉丝接触而损坏烘箱。

(3) 带有刻度的仪器不能用加热法进行干燥,否则会影响仪器精密度。

2. 烤干

(1) 常用的可加热、耐高温仪器(如烧杯、蒸发皿等)可置于石棉网上用小火烤干(应先擦干其外壁)。

(2) 烤干试管时(图 1-2),管口应低于试管底部,以免水珠倒流炸裂试管。加热时火焰不要集中于一个部位,应从底部开始缓慢移至管口,如此反复至无水珠,再将管口向上赶净水气。

图 1-1 电烘箱

图 1-2 烤干试管

3. 晾干

不急用的仪器洗净后倒置在干燥洁净的干燥板上，自然干燥。

4. 吹干

吹干法常用于带有刻度的计量仪器的干燥。在吹干前先用乙醇、丙酮或乙醚等有机溶剂润湿内壁，以加快仪器干燥速度。

5. 干燥器干燥

(1) 干燥器常用于防止烘好的样品重新吸水，还可以用于不适宜加热干燥的样品干燥。

(2) 普通干燥器底部放有干燥剂。干燥剂种类很多，常用硅胶、无水氯化钙等。无水硅胶呈蓝色，吸水后显红色即失效，但将其置于烘箱内烘干后可重新使用。

(3) 干燥器操作：左手扶住干燥器底部，右手沿水平方向移动盖子，即可将干燥器打开。打开后，应将盖子倒置，勿使涂有凡士林的磨口边触及桌面。放入或取出物品后，须将盖子沿水平方向推移盖好，使盖子的磨口边与干燥器相吻合。

(4) 易燃、易爆或受热后其成分易发生变化的有机物常采用真空干燥方法。

(三) 试剂及试剂的取用

1. 一般化学试剂的分类

化学试剂按杂质含量的多少，通常分为四个等级(表 1-3)。

表 1-3 我国化学试剂等级

等级	名称	符号	标签颜色	应用范围
一	优级纯或保证试剂	GR	绿	用于精密仪器和科学研究，作为一级标准物质
二	分析纯或分析试剂	AR	红	用于定性、定量分析和科学研究
三	化学纯或化学试剂	CP	蓝	用于要求较低的分析实验和有机、无机实验
四	实验试剂	LR	青或棕色	用于普通实验和无机制备

2. 试剂的储存

固体试剂应储存在广口瓶中，液体试剂和溶液常盛放于细口瓶或滴瓶中。

见光易分解的试剂(如 $AgNO_3$ 和 $KMnO_4$ 等)应储存在棕色瓶中。盛碱性溶液的试剂瓶要用橡皮塞。每个试剂瓶上都应贴标签,标明试剂名称、浓度和配制日期。有时在标签外部涂一薄层蜡来保护标签,使之长久清楚。

3. 试剂的取用规则

(1) 固体试剂的取用

① 用干净的药匙取用固体试剂,取出后立刻盖好瓶塞。

② 称量固体试剂时,多余的药品不能倒回原瓶,可放入指定回收容器,以免将杂质混入原装瓶中。固体试剂的取法如图 1-3 所示。

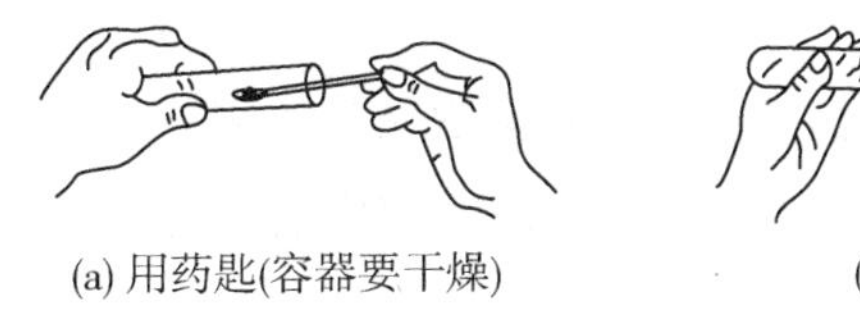

(a) 用药匙(容器要干燥)　(b) 用纸槽

图 1-3　固体试剂的取法

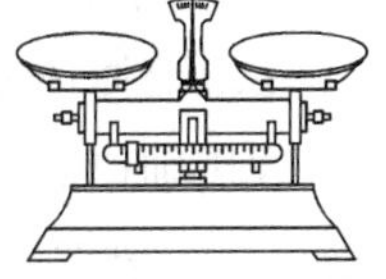

图 1-4　台秤(粗天平)

③ 用台秤称取物体时,可用称量纸或表面皿(不能用滤纸)。具有腐蚀性、强氧化性或易潮解的固体应用烧杯或表面皿称量。

台秤(粗天平)(图 1-4)能称准至 0.1 g,使用时操作步骤如下:

a. 零点调整:使用天平前需将游码置于游码标尺的"0"处,检查指针是否停在刻度盘的中间位置,如指针不在中间位置,可调节平衡调节螺丝。

b. 称重:被称物体不能直接放在天平盘上称重,应根据情况将称量物体放在称量纸或表面皿上。潮湿或具有腐蚀性的药品应放在玻璃容器内称重。天平不能称热的物体。

称量时,左盘放被称量物体,右盘放砝码。增加砝码时用镊子按从大到小的顺序添加,5 g 以内可移动游码,直至指针指在刻度盘中央,砝码的质量加上游码所示的质量数,就是被称量物体的质量。

c. 称量完毕,应将砝码放回盒内,游码移至游码标尺"0"处,托盘叠放在一侧,以免天平摇动。

(2) 液体试剂的取用

取用液体试剂的具体方法有滴加法、倾注法和用量筒量取三种(图 1-5)。

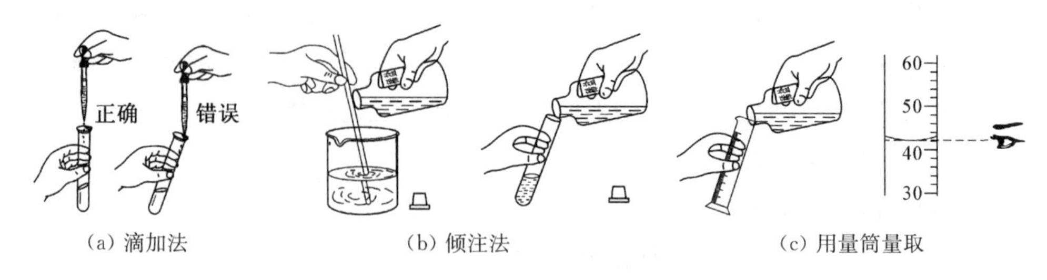

(a) 滴加法　(b) 倾注法　(c) 用量筒量取

图 1-5　取用液体试剂

① 从滴瓶中取用试剂，滴管不能触及所用容器器壁，以免沾污，滴管要专管专用，且不能倒置[图 1-5(a)]。

② 量取液体体积不要求十分准确时，可利用滴管滴数估计体积。

③ 取用细口瓶中的液体试剂时，标签面向手心，试剂应沿着洁净的容器壁或玻璃棒流入容器[图 1-5(b)]。

④ 用量筒量取液体时，所量取溶液体积的刻度线应与溶液弯月面最低处保持水平，偏高或偏低都会造成误差[图 1-5(c)]。

(四) 加热

实验室加热常用酒精灯、电炉、电热套、马弗炉、电烘箱、电加热装置等加热用具。

1. 酒精灯

酒精灯适用于所需温度不太高的实验，使用时注意不能用另一个燃着的酒精灯点燃，以免着火。熄灭时用灯罩盖灭，切勿用嘴吹灭。

2. 电炉和电热套

电炉[图 1-6(a)]和电热套[图 1-6(b)]可代替酒精灯进行加热操作。使用电炉时，加热容器和电炉之间要隔以石棉网，保证物体受热均匀。

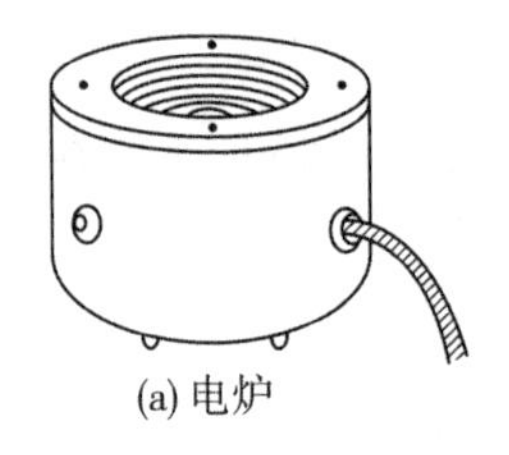

(a) 电炉

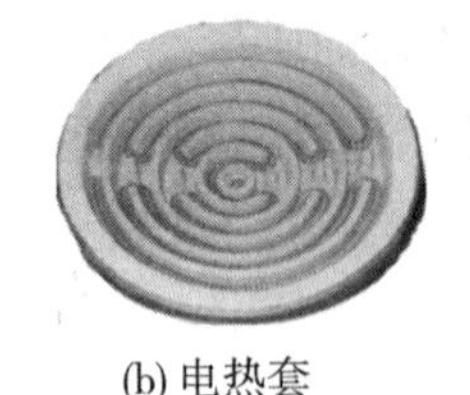

(b) 电热套

(c) 马弗炉

图 1-6　加热用具

3. 马弗炉

马弗炉[图 1-6(c)]加热温度为 900～1 200 ℃，常用于固体物质的灼烧或高温条件下无机化合物的制备。

加热操作注意事项如下：

(1) 用试管加热液体时，注意试管口不能朝任何人，管内液体体积不能超过试管高度的 1/3。加热时，应注意使液体各部分受热均匀，先加热液体的中上部，再慢慢下移并不断振荡管内液体。

(2) 在试管中加热固体时，注意管口应略向下倾斜，以防止管口冷凝的水珠倒流造成试管炸裂。

(3) 加热烧杯或烧瓶中液体时，所盛液体体积不得超过烧杯容量的 1/2 和烧瓶容量的 1/3。加热时，注意搅拌液体，以防暴沸。

(4) 当被加热物体要求受热均匀且温度不超过 100 ℃时，可采用水浴加热(浴锅内盛水量不得超过容积的 2/3)，通过水传导热来加热器皿内液体。

(5) 用油代替水加热被称为油浴。甘油浴，常用于 150 ℃以下的加热；液体石蜡浴，常用于 200 ℃以下的加热；棉籽油浴，常用于 323 ℃以下的加热。

(6) 在浴器内放置细沙，被加热器皿的下部埋于细沙中的加热方法称为沙浴。沙浴用于 400 ℃以下的加热。

(7) 在高温下，加热固体使之脱水或除去挥发物、烧去有机物等的操作称为灼烧。常用坩埚或蒸发皿。灼烧不需要石棉网，可直接置于火上操作。烧毕，取坩埚时，坩埚钳需预热。取下的坩埚应置于石棉网上，坩埚钳用后，注意将尖端朝上放置以保证洁净。

(五) 固体的溶解、蒸发与结晶

1. 固体的溶解

选定某一溶剂溶解固体样品时，若固体颗粒较小，可直接溶解；若固体颗粒较大，应考虑对大颗粒固体进行粉碎、加热和搅拌等以加速溶解。

(1) 固体的粉碎。当固体颗粒较大时，在进行溶解前通常用研钵将固体研碎。在研磨前，应先将研钵洗净擦干，加入不超过研钵总体积 1/3 的固体，缓慢沿着一个方向进行研磨，最好不要在研钵中敲击固体样品。研磨过程中，可将已经研细的部分取出，过筛，较大的颗粒继续研磨。

（2）溶剂的加入。为避免烧杯内溶液由于溅出而损失，加入溶剂时应通过玻璃棒使溶剂慢慢地流入。如果溶解时会产生气体，应先加入少量水使固体样品润湿为糊状，用表面皿将烧杯盖好，用滴管将溶剂自烧杯嘴加入，以避免产生的气体将试样带出。

（3）加热。物质的溶解度受温度的影响，加热的目的主要是加速溶解，应根据被加热物质稳定性的差异选用合适的加热方法。加热时要防止溶液的剧烈沸腾和迸溅，因此容器上方应该用表面皿盖住。溶解完成停止加热以后，要用溶剂冲洗表面皿和容器内壁。另外，加热并不是对一切物质的溶解都有利，应该具体情况具体分析。

（4）搅拌。搅拌是加速溶解的一种有效方法，搅拌时手持玻璃棒并转动手腕，使玻璃棒在液体中均匀地转圈，注意转速不要太快，不要使玻璃棒碰到容器壁发出响声。

2. 蒸发与浓缩

用加热的方法从溶液中除去部分溶剂，从而提高溶液的浓度或使溶质析出的操作称为蒸发。蒸发浓缩一般是在水浴中进行的。当溶液浓度低且该物质对热稳定时，可先放在石棉网上直接加热蒸发，再用水浴蒸发。蒸发速度不仅与温度、溶剂的蒸气压有关，还与被蒸发液体的表面积有关。无机实验中常用的蒸发容器是蒸发皿，被蒸发液体盛放于蒸发皿中具有较大的表面积，有利于蒸发。使用蒸发皿蒸发液体时，蒸发皿内所盛液体体积不得超过总容量的 2/3，当待蒸发液体较多时，可随着液体的被蒸发而不断添补。随着蒸发过程的进行，溶液浓度不断增加，蒸发到一定程度后冷却，就可析出晶体。当物质的溶解度较大且其随温度的下降而变小时，只要蒸发到溶剂出现晶膜即可停止；当物质溶解度随温度变化不大时，为了获得较多的晶体，需要在晶膜出现后继续蒸发。但是由于晶膜妨碍继续蒸发，应不时地用玻璃棒将晶膜打碎。如果希望得到好的结晶（大晶体），则不宜过度浓缩。

3. 结晶与重结晶

当溶液蒸发到一定程度，冷却后就会有晶体析出，这个过程称为结晶。析出晶体颗粒的大小与外界环境条件有关，若溶液浓度较高，溶质的溶解度较小，快速冷却并加以搅拌（或用玻璃棒摩擦容器器壁），都有利于析出细小晶体。反之，若让溶液慢慢冷却或静置，则有利于生成大晶体，特别是加入一小颗晶体（晶种）时更是如此。从纯度来看，缓慢生长的大晶体纯度较低，快速生成小晶体时由于不易裹入母液及别的杂质而纯度较高，但是晶体太小且大小不均匀时，会形成糊状物，携带母液过多导致难以洗涤而影响纯度。因此，晶体颗粒的大小要适中、均匀，才有利于得到高纯度的晶体。

当第一次得到的晶体纯度不符合要求时，重新加入尽可能少的溶剂溶解晶体，然后再蒸发、结晶、分离，得到纯度较高的晶体的操作过程称为重结晶，有时根据要求需要多次结晶。

进行重结晶操作时，溶剂的选择非常重要，只有被提纯的物质在所选的溶剂中具有高的溶解度和温度系数，才能使溶质损失降低到最低水平。对于杂质而言，杂质不溶解于所选溶剂时，可通过热过滤而除去；杂质易溶解于所选溶剂时，溶液冷却，杂质即保留在母液中。

重结晶操作的一般步骤：

（1）溶液的制备。根据待重结晶物质的溶解度，加入一定量所选定的溶剂（当溶解度大、温度系数大时，可加入少量某温度下可使固体全部溶解的溶剂；当溶解度和温度系数均小时，应多加溶剂），加热使其全部溶解。这个过程可能较长，不要随意添加溶剂。当需要脱色时，可加入一定量的活性炭。

（2）热过滤。若无不溶物，此步可以省去，需要热过滤时，应防止被提纯物质在漏斗中结晶。

（3）冷却。为得到较好的晶体，一般情况下缓慢冷却。

（4）抽滤。将固体和液体分离，选择合适的洗涤剂洗去杂质和溶剂，干燥。

（六）固液分离和沉淀洗涤

1. 倾析法

当悬浊液中沉淀物的比重较大或结晶颗粒较大，静置后固液可分层时，常用倾析法将二者分离（图 1-7）。此法用于沉淀的洗涤时，将少量洗涤剂加入盛有沉淀的容器中，充分搅拌，静置沉降，倾析，重复操作 2～3 次。

图 1-7　倾析法

2. 过滤法

（1）常压过滤。根据所用漏斗大小和角度选择并折叠滤纸，以便使二者密合，润湿后无气泡存在。过滤时，先转移溶液，后转移沉淀，每次转移量不得超过滤纸高度的 2/3。如需洗涤沉淀，当上清液转移完毕后，于沉淀中加入少量洗涤剂，搅拌洗涤，静置沉降，过滤转移洗液，重复操作 2～3 次，最后将沉淀转移至滤纸上，如图 1-8(a)所示。

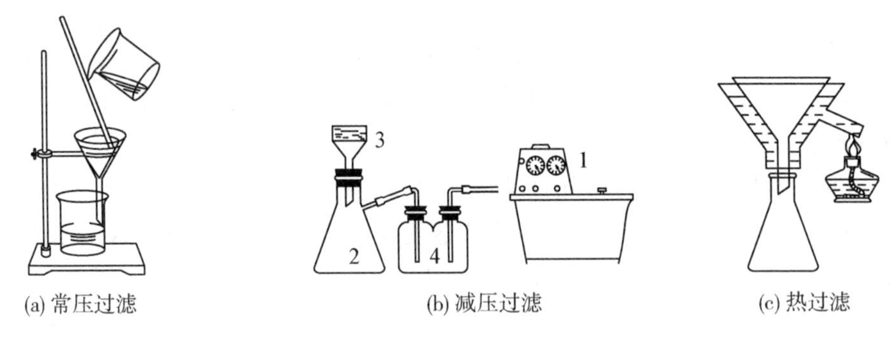

(a) 常压过滤　　(b) 减压过滤　　(c) 热过滤

1—抽气泵；2—吸滤瓶；3—布氏漏斗；4—安全瓶

图 1-8　过滤法

(2) 减压过滤。减压过滤是指抽气泵抽气造成布氏漏斗内液面与吸滤瓶内存在压力差，使过滤速度加快，沉淀物表面干燥，如图 1-8(b)所示。抽滤所用滤纸应小于布氏漏斗的内径，先润湿并抽气使二者紧贴，然后过滤。滤毕后，先拔下抽气管，再关闭抽气泵以防止倒吸。

浓强酸、强碱或强氧化性溶液过滤时，不能用滤纸。强酸或强氧化性溶液可用砂芯漏斗过滤。常见规格有 1 号、2 号、3 号、4 号四种，1 号孔径最大，可根据沉淀颗粒粒径不同来选择漏斗。

(3) 热过滤。若溶液中的溶质在温度下降时易析出结晶，我们又不希望它在过滤过程中留在滤纸上，常趁热过滤。可采用如图 1-8(c)所示装置进行热过滤，热过滤时漏斗颈部越短越好。

3. 离心分离

当溶液中沉淀很少时，可采用离心分离方法。常用仪器为电动离心机，电动离心机是高速旋转的，为了避免发生危险，应按要求规范操作。

(1) 为避免离心管碰破，先在离心机套管的底部垫上少许棉花，然后放入离心管。离心管要成对对位放置，且管内液面基本相平。只有一个样品时，应在对位上放一盛有等量水的离心管。

(2) 启动离心机时，转速要逐渐由慢到快。停止时，转速也要逐渐由快变慢，最后待其自行停止，再取出离心管。电动离心机的转速要视沉淀的性质而定，结晶形或致密形沉淀，大约 1 000 $r \cdot min^{-1}$，离心时间 2 min 即可；无定形和疏松沉淀，转速应在 2 000 $r \cdot min^{-1}$ 以上，离心 4 min 即可。如果沉淀不能分离，应设法使其凝聚，再离心分离。

八、滴定分析基本操作

1. 吸量管和移液管的使用

(1) 使用前将吸量管和移液管依次用洗液、自来水、蒸馏水洗涤干净。用滤纸将管下端内外的水吸净，然后用少量被移取液洗涤 3 次，以保证被吸取溶液浓度不变。

(2) 移液管吸取溶液。左手拿吸耳球，右手拇指及中指拿住管颈标线以上的地方，将移液管尖端插入待取液中，吸至刻度以上，立即用右手的食指按住管口，取出移液管，微微放松食指并轻轻转动移液管，使液面缓缓下降至与标线相切时，立刻按紧食指，将接收溶液的容器倾斜 45°，移液管垂直且管尖靠在接收器内壁上，等溶液全部流出后，稍等 10～15 s，取出移液管，如图 1-9 所示。注意不能将留在管口的少量液体吹出，因为移液管校正时不包括此部分残留液。

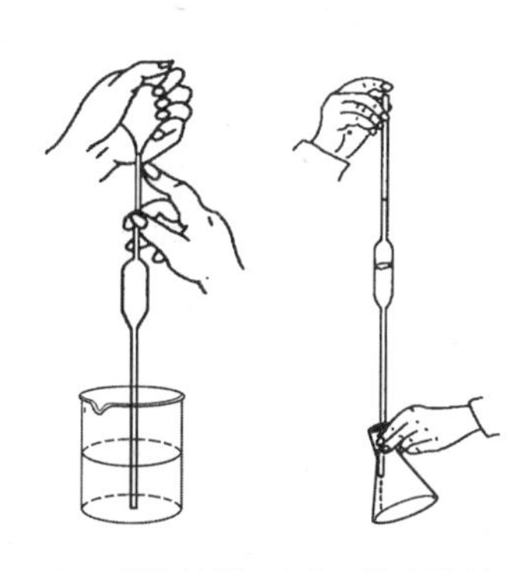
(a) 吸取溶液　(b) 放出溶液

图 1-9　移液管的使用

(3) 吸量管吸取溶液的方法与移液管相似，不同之处在于吸量管可吸取不同体积的液体。用吸量管吸取溶液时，一般使液面从某一分刻度(一般最高线)落到另一分刻度，使两分刻度之间的体积恰好等于所需体积。

在上端刻有“吹”字或分刻度一直到管口底部的吸量管，使用时末端一滴溶液要吹出，其体积才恰好是刻度标示的数值。另外，吸量管刻度有自上而下排列和自下而上排列两种，读取刻度时要十分注意。

(4) 使用完毕，应将吸量管和移液管洗净，放在管架上晾干，切勿烘烤。

2. 容量瓶的使用

(1) 使用前检查是否漏水。方法：注入自来水至容量瓶标线附近，盖好瓶塞，左手食指按住瓶塞，右手拿住瓶底将瓶倒立，观察瓶塞周围是否有水渗出。若不漏水，旋转瓶塞 180°，再倒置一次，如不漏水，方可使用。

(2) 用固体配制准确浓度的溶液。将准确称量的固体先在烧杯中溶解(若溶解热较大需冷却)，再转移到容量瓶中，然后用少量蒸馏水洗涤烧杯 3～5 次，洗涤液合并于容量瓶中，以确保溶质的定量转移。向容量瓶中加蒸馏水至 2/3 体积时，摇动容量瓶使之初步混匀(注意不能倒立)，当加水接近标线时，可用滴管或洗瓶缓缓滴至溶液凹液面最低处恰好与标线相切。盖紧瓶塞，上下倒转容量瓶多次，使溶液充分混匀。

(3) 溶液配制完成后，应转移到试剂瓶中，容量瓶一般不作试剂瓶用。试剂瓶要先用少量配好的溶液冲洗 2～3 次，然后将剩余溶液全部转入试剂瓶。

(4) 容量瓶用完后，洗净、晾干。在瓶口与玻璃塞之间垫以纸条，以防止下次使用时塞子打不开。容量瓶不可用任何方式加热或烘烤。

3. 滴定管的使用

(1) 洗涤：一般用自来水冲洗后再用蒸馏水洗涤 2～3 次即可。若内壁挂有水珠，可用洗液浸润后再冲洗。应注意的是，碱式滴定管的橡皮管不能接触洗液，可将橡皮管取下，在 NaOH 的乙醇溶液中浸泡。

(2) 检漏：在滴定管中装蒸馏水至零刻度，直立放置 2 min，观察液面是否下降。碱式滴定管应检查玻璃珠和橡皮管能否灵活控制溶液滴出。若漏水，更换橡皮管或玻璃珠。酸式滴定管应检查活塞转动是否灵活，有无水渗出。如无漏水，旋转 180°，再观察一次；若漏水，需给活塞涂凡士林。

涂凡士林的方法：取出活塞，用吸水纸擦干活塞和活塞槽，蘸取少量凡士林涂一薄层于活塞的粗端和活塞槽的细端内壁里。操作中应注意勿将凡士林堵塞活塞孔。若凡士林堵住活塞孔，可将管尖插入四氯化碳，使凡士林溶解。

(3) 装液：洗净的滴定管先用少量待装液润洗 3 次，同时让润洗液通过下端活塞口流出，以保证装入滴定管的滴定剂浓度不变。装入滴定剂至零刻度以上，此时滴定管下端常有气泡存在，需排除。可将酸式滴定管直立，迅速打开活塞，让溶液冲下即可排出气泡。碱式滴定管则用左手持乳胶管向上弯曲 45°，用左手拇指和食指挤推稍高于玻璃珠所在处，使溶液从管尖喷出而带出气泡，一边挤推乳胶管，一边把乳胶管放直，再松开手指，否则末端仍会有气泡，调节管内液面在零刻度附近，备用。

(4) 滴定：滴定最好在锥形瓶或碘量瓶中进行，必要时可在烧杯中进行。滴定时将滴定管固定在滴定管架上，右手持锥形瓶，左手控制滴定管中液体的流速。酸式滴定管操作方法：左手拇指在管前面，食指和中指在管后面，三个手指拿住活塞柄，手指稍微弯曲，轻轻向内扣住活塞，注意手心空握，不能触及活塞，以免活塞松动或顶出。右手前三指拿住锥形瓶的颈部，滴定管下端伸入瓶口约 1 cm 处，边滴边摇，向同一方向做圆周运动。注意不要使瓶口碰撞滴定管。滴定速度一般可控制在每秒 3～4 滴，颜色接近滴定终点时，瓶中溶液局部变色，摇动后颜色消失，此时应该改为加一滴摇一摇，待需摇 2～3 次颜色才能消失时，即接近终点。此时可用洗瓶冲洗锥形瓶内壁，若仍未呈现终点颜色，可控制活塞，使其流出半滴，即悬而不落，再用洗瓶排出少量蒸馏水将液滴冲下，直到出现终点颜色。为了便于观察终点颜色变化，可在锥形瓶下面衬白纸或白瓷板。

碱式滴定管使用时，用左手拇指和食指捏住玻璃珠侧上方，小指和无名指控制玻璃尖嘴，捏挤橡皮管，使橡皮管与玻璃珠之间形成缝隙，溶液即流出。通过捏力的大小调节流量，但不宜用力过猛致使玻璃珠在橡皮管内上下移动，以免松开时进入空气。

(5) 读数：读数不准确是滴定误差的主要来源之一。由于溶液表面张力的存在，滴定管内的液面呈弯月形。无色水溶液弯月面清晰，应读弯月面下缘的最低点，且视线应与之平行；有色溶液应读取弯月面上缘。在同一次滴定中，初读与终读应使用同一种读数方法。

读数时，滴定管应垂直悬空，注入或流出溶液后，需静置 1～2 min，再读数。为使读数准确，可用一张黑纸或白纸衬在滴定管后面。若使用白底蓝线滴定管，应读取弯月面与蓝色尖端的交点。

滴定时，最好是每次均从“0.00”开始，或从接近零的任一刻度开始，以消除滴定管刻度不均带来的误差。实验完毕，弃去滴定管内剩余的溶液，冲洗滴定管，酸式滴定管在活塞槽与活塞之间垫以纸条，然后将滴定管倒置于滴定管架上晾干。

九、电子天平的使用

电子天平是一种新型天平，常见的有直立式与顶载式两种，在分析中常用的是精度为 0.1 mg 的直立式电子天平。

以上海精天电子仪器有限公司生产的 FA2104A 型电子天平(图 1-10)为例,简要介绍电子天平的使用方法。

图 1-10 FA2104A 型电子天平

(1) 调整水平:观察水平仪,如水平仪水泡偏移,需调整水平调整脚,使水泡位于水平仪中心。

(2) 校准:天平安装后,第一次使用前,应对天平进行校准。因存放时间较长、位置移动、环境变化或为获得精确测量值,天平在使用前一般都应进行校准。具体方法如下:

① 接通电源将天平预热 30 min。

② 从秤盘上取走任何加载物,按“TARE”键,清零。

③ 待天平稳定后,按“C”键,显示屏上显示 C 后,轻轻将校准砝码放置在秤盘中央,关闭天平门。

④ 当听到“嘟”声后,即显示校准砝码值,然后取出砝码,天平校准完毕。

(3) 称量:按“TARE”键,显示为零后,置被称物于秤盘上,待数字稳定后,即可读取所称物品质量。

(4) 去皮称量:按“TARE”键清零,置容器于秤盘上,天平显示容器质量,再按“TARE”键,显示为零即去皮。置被称物于容器中,或将被称物(粉末状物或液体)逐步加入容器中直至达到所需质量,这时显示的是被称物的净质量。将秤盘上所有物品拿走后,天平显示负值,按“TARE”键,天平显示 0.000 0 g。

(5) 称量结束后,按“ON/OFF”键关闭显示器。如果当天不再使用天平,应拔下电源插头。

十、酸度计的使用

酸度计是测量溶液 pH 最常用的仪器,它主要是利用一对电极在不同 pH 的溶液中能产生不同的电动势的原理工作的。这对电极由一支玻璃电极和一支饱和甘汞电极所组成,玻璃电极称为指示电极,甘汞电极称为参比电极。玻璃电极使用一种导电玻璃吹制成的极薄的空心小球,球内装有 0.1 mol·L^{-1} HCl 溶液和 Ag-AgCl 电极，其电极组成式为：

$$\mathrm{Ag, AgCl(s)} \mid \mathrm{HCl(0.1\ mol \cdot L^{-1})} \mid \text{玻璃} \mid \text{待测溶液}$$

玻璃电极的导电玻璃薄膜把两种溶液隔开，即有电势产生。小球内 H^+ 浓度是固定的，所以电极电势随待测溶液 pH 的不同而改变。在 298.15 K 时，玻璃电极的电极电势为

$$E_{\text{玻璃}} = E'_{\text{玻璃}} + 0.059\,16 \times \mathrm{pH}$$

式中　$E_{\text{玻璃}}$——玻璃电极的电极电势；

　$E'_{\text{玻璃}}$——玻璃电极的标准电极电势。

测定时将玻璃电极和饱和甘汞电极插入待测溶液中组成原电池，并连接上电流表，即可测定出该原电池的电动势 E。

$$E = E_{\text{甘汞}} - E_{\text{玻璃}} = E_{\text{甘汞}} - E'_{\text{玻璃}} - 0.059\,16 \times \mathrm{pH}$$

待测溶液的 pH 为

$$\mathrm{pH} = \frac{E_{\text{甘汞}} - E'_{\text{玻璃}} - E}{0.059\,16}$$

$E_{\text{甘汞}}$为一定值，如果$E'_{\text{玻璃}}$已知，即可由原电池的电动势 E 求出待测溶液的 pH。$E'_{\text{玻璃}}$可以用一个已知 pH 的缓冲溶液代替待测溶液而求得。

酸度计一般是把测得的电动势直接用 pH 标示出来。为了方便起见，仪器加装了定位调节器，当测量 pH 已知的标准缓冲溶液时，利用调节器，把读数直接调节在标准缓冲溶液的 pH 处。这样在以后测量待测溶液的 pH 时，指针就可以直接指示待测溶液的 pH，省去了计算步骤。一般都把前一步称为“定位”，后一步称为“测量”。已经定位的酸度计在一定时间内可以连续测量多个待测溶液。

温度对溶液的 pH 有影响，可根据 Nernst 方程予以校正，在酸度计中已装配有温度补偿器进行校正。

本书以 pHS-25 型酸度计为例来简单介绍酸度计的使用，pHS-25 型酸度计是一种数字显示酸度计，采用 pH 复合电极，读数稳定，使用方便。

1. 仪器准备

(1) 将复合电极夹在电极夹上，拉下电极前端的电极套。

(2) 用蒸馏水冲洗电极,然后用滤纸吸干。

(3) 电源线插入电源插座,按下电源开关,预热几分钟。

2. 定位

定位方法包括一次定位法和二次定位法两种。

(1) 一次定位法用于分析精度要求不高的情况。

① 仪器插上电极,把选择开关调至 pH 挡。

② 仪器斜率调至 100%位置(即顺时针旋到底的位置)。

③ 选择一种最接近样品 pH 的标准缓冲溶液(如 pH=7),并把电极插入这一标准缓冲溶液中,调节温度补偿器,使所指示的温度与标准缓冲溶液的温度相同,并摇动烧杯,使溶液均匀。

④ 待读数稳定后,该读数应为标准缓冲溶液的 pH,否则应用定位调节器调至标准缓冲溶液的 pH,定位结束。

(2) 二次定位法用于分析精度要求较高的情况。

① 仪器插上电极,把选择开关调至 pH 挡,斜率调至 100%位置。

② 选择两种标准缓冲溶液(即被测溶液的 pH 在这两种标准缓冲溶液之间或与这两种标准缓冲溶液接近,如 pH=4 和 7)。

③ 把电极插入第一种标准缓冲溶液(如 pH=7),调节温度补偿器,使所指示的温度与标准缓冲溶液的温度相同,并摇动烧杯使标准缓冲溶液均匀。

④ 待读数稳定后,该读数应为标准缓冲溶液的 pH,否则调节定位调节器。

⑤ 电极插入第二种标准缓冲溶液(如 pH=4),摇动烧杯使溶液均匀。

⑥ 待读数稳定后,该读数应为该标准缓冲溶液的 pH,否则应用斜率调节器调至标准缓冲溶液的 pH,定位结束。

⑦ 清洗电极并吸干电极球表面的余水。

3. 测定 pH

已定位过的仪器可用来测量被测溶液的 pH。

(1) 被测溶液与定位的标准缓冲溶液温度相同时。

“定位”保持不变,将电极夹上移,用蒸馏水冲洗电极头部,并用滤纸吸干。把复合电极浸入被测溶液中,轻轻摇动溶液使浓度均匀,读出溶液的 pH。

(2) 被测溶液与定位的标准缓冲溶液温度不同时。

应先用温度计测出被测溶液的温度值，调节温度补偿器，使指示在该温度值上，然后把复合电极浸入被测溶液中，轻轻摇动溶液使浓度均匀，读出溶液的pH值。

十一、分光光度计的使用

分光光度计的基本原理：物质在光的照射下，对光产生了吸收，物质对光的吸收具有选择性，各种不同的物质具有各自的吸收光谱。因此，某种单色光通过溶液时，其能量就会因被吸收而减弱，光能减弱的程度和物质的浓度有一定的比例关系，它们之间的定量依据是朗伯-比尔定律，如图1-11所示。物质吸光的程度可以用吸光度 A 或透光率 T 表示，定义

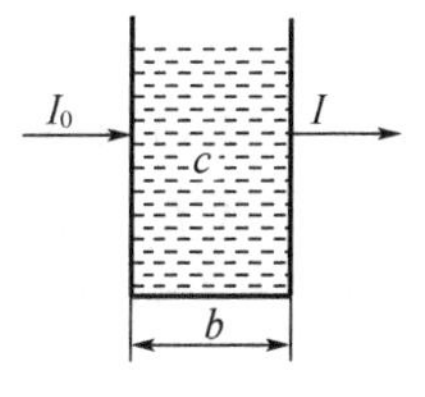

图1-11　光吸收原理

$$T=\lg \frac{I_0}{I}$$

$$A=\lg \frac{1}{T}$$

式中　I_0——入射光强度；

I——透射光强度。

所以朗伯-比尔定律的数学表达式为

$$A=\varepsilon bc$$

式中　A——吸光度；

c——溶液的浓度，$mol \cdot L^{-1}$；

b——液层厚度，cm；

ε——摩尔吸光系数，$L \cdot mol^{-1} \cdot cm^{-1}$。

从以上公式可以看出，当入射光强度、摩尔吸光系数和液层厚度不变时，吸光度随溶液浓度的变化而变化。

分光光度计是根据朗伯-比尔定律设计的。下面简单介绍两种常用的分光光度计的使用方法。

(一) 722s型可见分光光度计

仪器外形结构如图1-12所示。

722s型可见分光光度计的使用方法如下：

(1) 预热仪器：打开电源开关，显示窗显示数字，预热 30 min。

(2) 零点调整：打开暗箱盖或用不透光材料在样品室中遮断光路，然后按"0%"键，即可自动调整零位。

(3) 选择波长：使用波长调节旋钮，选择当前测试所需波长，具体波长由波长显示窗显示，读出波长时目光要垂直观察。

图 1-12　722s 型可见分光光度计

(4) 调节百分透光度：将空白液置于光路中，关闭暗箱盖(同时打开光门)，按下"100%"键，即能自动调整 100%T(一次有误差可加按一次)。

(5) 确定滤光片位置：本仪器备有减少杂光并提高 340～380 nm 波段光度准确性的滤光片，位于样品室内侧，用一拨杆来改变位置。当测试波长在 340～380 nm 波段内时，如做高精度测试可将拨杆推向前，通常可不使用此滤光片，可将拨杆置在 400～1 000 nm 位置。

(6) 改变标尺：本仪器有四种标尺，各标尺间的转换用模式键操作，由"透光率""吸光度""浓度因子""浓度直读"指示灯分别指示，开机初始状态为"透光率"，每按一次顺序循环。

(7) 溶液测定：将待测液盛于比色皿并置于比色池中，关闭暗箱盖，轻轻拉动比色皿座架拉杆，使待测液进入光路，进行测定。测定后应打开暗箱盖，以免光电管疲劳。

(8) 实验完毕，切断电源，将比色皿洗涤干净并用软纸将比色皿与座架、暗箱擦净。

(二) 752s 型紫外分光光度计

仪器外形结构如图 1-13 所示。

1. 752s 型紫外分光光度计的使用方法

(1) 预热仪器：打开电源开关，显示窗显示数字，预热 30 min。

(2) 零点调整：打开暗箱盖或用不透光材料在样品室中遮断光路，然后按"0%"键，

图 1-13　752s 型紫外分光光度计

即可自动调整零位。

(3) 选择波长:使用波长调节旋钮,选择当前测试所需波长,具体波长由显示窗显示,读出波长时要垂直观察。

(4) 调节百分透光度:将空白液置于光路中,关闭暗箱盖(同时打开光门),按下“100%”键,即能自动调整100%T(一次有误差可加按一次)。

(5) 改变标尺:本仪器有四种标尺,各标尺间的转换用模式键操作,由“透射比”“吸光度”“浓度因子”“浓度直读”指示灯分别指示,开机初始状态为“透射比”,每按一次顺序循环。

(6) 溶液测定:将待测液盛于比色皿并置于比色池中,关闭暗箱盖,轻轻拉动比色皿座架拉杆,使待测液进入光路,进行测定。测完后应打开暗箱盖,以免光电管疲劳。

(7) 实验完毕,切断电源,将比色皿洗涤干净并用软纸将比色皿与座架、暗箱擦净。

2. 分光光度计使用注意事项

(1) 工作环境。室温:5～35 ℃,室内相对湿度小于85%。安放在稳定的工作台上,避免震动,并避免阳光直射及强烈电磁场干扰,避免灰尘及腐蚀性气体。

(2) 清洁仪器外表时,宜用温水擦拭,请勿用乙醇、乙醚等有机溶剂,不使用时请加防尘罩。

(3) 比色皿每次使用后都用石油醚清洗,并用镜头纸轻拭干净,存于比色皿盒中备用。不能用碱液或氧化性强的洗涤液清洗比色皿,以免损坏;也不能用毛刷,以免损坏透光面。

(4) 为了防止光电管疲劳,不测定时必须将比色皿暗箱盖打开,切断光路,以延长光电管的使用寿命。

(5) 手拿比色皿时,手指捏住比色皿的毛玻璃面,不要碰比色皿的透光面,以免污染及磨损。

(6) 测定时一定要用待测液将比色皿内壁洗2～3次,以保证溶液的浓度不变。在测定一系列溶液的吸光度时,通常是按从稀到浓的顺序测定,以减少误差。

第二章　基本操作实验

实验一　药用氯化钠的制备及杂质限度检查

一、实验目的

1. 掌握药用氯化钠的制备原理和方法。
2. 初步了解药品的质量检查方法。
3. 练习蒸发、结晶、过滤等基本操作，学习减压过滤的方法。

二、实验原理

药用氯化钠是以粗食盐为原料进行提纯。粗食盐中除了含有泥沙等不溶性杂质外，还有 K^+、Ca^{2+}、Mg^{2+}、Fe^{3+}、SO_4^{2-}、CO_3^{2-}、Br^-、I^- 等可溶性杂质。不溶性杂质可采用过滤的方法除去，可溶性杂质则选用适当的试剂使其生成难溶化合物后过滤除去。少量可溶性杂质（如 K^+、Br^-、I^- 等）由于含量很少，可根据溶解度的不同，在结晶时使其残留在母液中而除去。具体方法如下：

（1）将粗食盐溶于水，向其中加入稍过量的 $BaCl_2$ 溶液，使溶液中的 SO_4^{2-} 转化为 $BaSO_4$ 沉淀，过滤除去 $BaSO_4$ 和其他不溶性的杂质。

$$Ba^{2+} + SO_4^{2-} \longrightarrow BaSO_4\downarrow（白色）$$

（2）在滤液中依次加入适量的 NaOH 和 Na_2CO_3 溶液，使溶液中的 Ca^{2+}、Mg^{2+} 以及过量的 Ba^{2+} 转化为沉淀除去。

$$Mg^{2+} + 2OH^- \longrightarrow Mg(OH)_2\downarrow（白色）$$

$$Ca^{2+} + CO_3^{2-} \longrightarrow CaCO_3\downarrow（白色）$$

$$Ba^{2+} + CO_3^{2-} \longrightarrow BaCO_3\downarrow（白色）$$

（3）在滤液中加入适量盐酸，中和溶液中过量的 OH^- 和 CO_3^{2-}，使溶液呈微酸性。

$$H^+ + OH^- \longrightarrow H_2O$$

$$2H^+ + CO_3^{2-} \longrightarrow H_2O + CO_2\uparrow$$

（4）少量 KBr、KI 等可溶性杂质因含量少、溶解度大，在 NaCl 结晶过程中仍留在母液中而被除掉，少量多余的盐酸在干燥 NaCl 时会以 HCl 的形式逸出。

三、实验用品

仪器或器具：试管，烧杯，量筒（10 mL，50 mL），漏斗，漏斗架，布氏漏斗，吸滤瓶，蒸发皿，石棉网，三脚架，台秤，广泛 pH 试纸。

试剂：盐酸（$2\ mol \cdot L^{-1}$、$6\ mol \cdot L^{-1}$），H_2SO_4 溶液（$1\ mol \cdot L^{-1}$），NaOH 溶液（$1\ mol \cdot L^{-1}$），氨水（$6\ mol \cdot L^{-1}$），Na_2CO_3 溶液（$1\ mol \cdot L^{-1}$），$BaCl_2$ 溶液（$1\ mol \cdot L^{-1}$），$(NH_4)_2C_2O_4$ 溶液（$0.25\ mol \cdot L^{-1}$），镁试剂，粗食盐。

四、实验内容

1. 粗食盐的提纯

（1）粗食盐的溶解

用托盘天平称取 5.0 g 研细的粗食盐放入 100 mL 的烧杯中，加入 20 mL 蒸馏水，加热，搅拌使其溶解。

（2）除 SO_4^{2-} 离子

继续加热溶解的粗盐溶液至近沸腾，在不断搅拌下滴加 $1\ mol \cdot L^{-1}$ $BaCl_2$ 溶液约 1 mL，继续加热 5 min，使沉淀颗粒长大，易于过滤。然后将烧杯取下，等待固液分层后，沿烧杯壁在上清液中滴加 2～3 滴 $1\ mol \cdot L^{-1}$ $BaCl_2$ 溶液，如果无浑浊，表明 SO_4^{2-} 已沉淀完全。如果有浑浊出现，应继续加热溶液并继续滴加 $BaCl_2$ 溶液，直至 SO_4^{2-} 沉淀完全为止。减压过滤，弃去沉淀。

（3）除 Ca^{2+}、Mg^{2+}、Ba^{2+} 等阳离子

将所得滤液加热近沸腾，边搅拌边依次滴加 $1\ mol \cdot L^{-1}$ NaOH 溶液和

1 mol·L^{-1} Na_2CO_3 溶液，至溶液的 pH 约为 11。常压过滤，弃去沉淀。

(4) 用盐酸调节酸度除去剩余的 CO_3^{2-} 离子

向滤液中逐滴加入 6 mol·L^{-1} HCl 溶液，直至溶液的 pH 为 5～6(用 pH 试纸检验)。

(5) 浓缩、结晶

将溶液倒入蒸发皿中，用小火加热蒸发，浓缩溶液至原体积的 1/4，冷却结晶，减压过滤，用少量蒸馏水洗涤晶体，抽干。将 NaCl 晶体移入蒸发皿中，然后放在石棉网上，在玻璃棒不断搅拌下，用小火烘干。冷却后称量。

2. 产品纯度检验

称取研细的粗食盐和产品各 0.5 g，分别溶于 5 mL 蒸馏水中，再各分为三等份分别盛在 6 支试管中，用下面的方法进行定性检验。

(1) SO_4^{2-} 离子的检验：向分别盛有粗食盐和产品溶液的 2 支试管中各滴加 2 滴 1 mol·L^{-1} $BaCl_2$ 溶液，观察现象。

(2) Ca^{2+} 离子的检验：向分别盛有粗食盐和产品溶液的 2 支试管中各滴加 2 滴 0.25 mol·L^{-1} $(NH_4)_2C_2O_4$ 溶液，观察现象。

(3) Mg^{2+} 离子的检验：向分别盛有粗食盐和产品溶液的 2 支试管中各滴加 5 滴 1 mol·L^{-1} NaOH 溶液和 2 滴镁试剂，观察有无天蓝色沉淀产生。

五、问题和讨论

1. 在除去 Ca^{2+}、Mg^{2+}、SO_4^{2-} 时，为什么要先加入 $BaCl_2$ 溶液，然后再加入 Na_2CO_3 溶液和 NaOH 溶液？

2. 为什么要向溶液中滴加盐酸并使之呈微酸性？

3. 在结晶浓缩时，为什么不能把结晶物蒸干？

注

(1) 镁试剂为对硝基苯偶氮间苯二酚，其结构为

OH

HO—⟨苯环⟩—N═N—⟨苯环⟩—NO_2

镁试剂在碱性溶液中呈红色或紫红色，被 $Mg(OH)_2$ 吸附后呈现天蓝色。镁试

剂的配制：取 0.01 g 镁试剂(对硝基苯偶氮间苯二酚)溶于 1 L 1 mol·L^{-1} NaOH 溶液中。

(2) $BaCl_2$ 溶液有毒！勿接触皮肤和入口。

实验二　硝酸钾的制备与提纯

一、实验目的

1. 了解利用各种易溶盐在不同温度时溶解度的差异来制备易溶盐的原理和方法。

2. 学习结晶和重结晶的一般原理和操作方法。

3. 掌握减压过滤(包括热过滤)的基本操作。

二、实验原理

$$NaNO_3 + KCl = NaCl + KNO_3$$

$NaNO_3$ 和 KCl 的混合溶液中,同时存在 Na^+、K^+、Cl^- 和 NO_3^- 四种离子。由它们组成的四种盐在不同温度下的溶解度不同(表 2-1,图 2-1)。

表 2-1　四种盐在不同温度下的溶解度

单位:g/100 g H_2O

盐的种类	温度/℃				
	0	20	40	70	100
KNO_3	13.3	31.6	63.9	138.0	246.0
KCl	27.6	34.0	40.0	48.3	56.7
$NaNO_3$	73.0	88.0	104.0	136.0	180.0
NaCl	35.7	36.0	36.6	37.8	39.8

在 20 ℃时,除 $NaNO_3$ 以外,其他三种盐的溶解度都差不多,因此不能通过改变温度使 KNO_3 晶体析出。但是随着温度的升高,NaCl 的溶解度几乎没有多大改变,而 KNO_3 的溶解度却增大很快。因此,只要把 $NaNO_3$ 和 KCl 的混合溶液加热,在高温时 NaCl 的溶解度小,趁热把它滤去,然后冷却滤液,KNO_3 就能因溶解度急剧下降而析出。

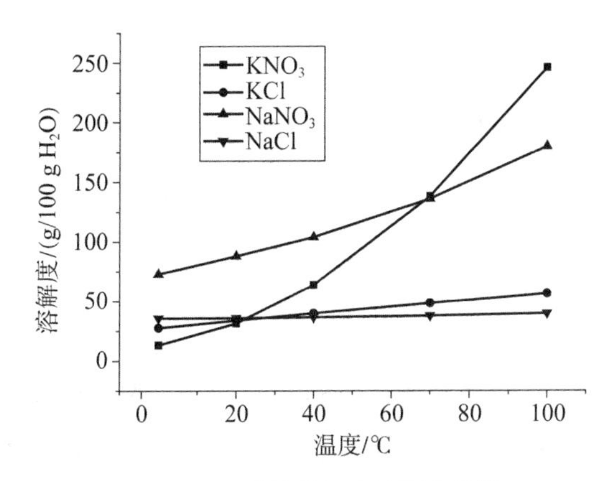

图 2-1 四种盐的温度溶解度曲线

在初次结晶中一般混有一些可溶性杂质，为了进一步除去这些杂质，可采用重结晶方法进行提纯。

三、实验用品

仪器或器具：水循环真空泵，热滤漏斗，烧杯（50 mL，100 mL），量筒（10 mL，100 mL），抽滤瓶，布氏漏斗，试管 6 支，酒精灯，试管架，漏斗架，石棉网，玻璃棒，玻璃铅笔，火柴，称量纸，定性滤纸。

试剂：饱和 KNO_3 溶液，KCl（s，AR），$NaNO_3$（s，AR），$AgNO_3$ 溶液（0.1 $mol \cdot L^{-1}$）。

四、实验内容

1. 硝酸钾的制备

在 50 mL 烧杯中加入 8.5 g $NaNO_3$ 和 7.5 g KCl，再加入 15 mL 蒸馏水，在烧杯外壁沿液面处做一记号。将烧杯放在石棉网上，用小火加热、搅拌，使溶质溶解，再继续加热蒸发至原体积的 2/3，这时烧杯内开始有较多晶体析出（什么晶体?）。趁热减压过滤，滤液中很快出现晶体（这又是什么晶体?）。

另取 8 mL 沸腾的蒸馏水加入吸滤瓶中，使结晶重新溶解，并将溶液转移至烧杯中缓缓加热，蒸发至原有体积的 3/4，静置、冷却（可用冷水冷却），待结晶重新析出，再进行减压过滤。用饱和 KNO_3 溶液滴洗两遍，将晶体抽干、称量，计算实际产率。

2. 硝酸钾的提纯

按重量比为 $KNO_3 : H_2O = 2 : 1$ 的比例，将粗产品溶于所需蒸馏水中，加热并搅拌，使溶液刚刚沸腾即停止加热（此时，若晶体尚未溶解完，可加适量蒸馏水使其刚好溶解完）。冷却到室温后，抽滤，并用滴管吸取饱和 KNO_3 溶液 4～6 mL 逐滴洗涤晶体，抽干、称量，计算产率。

3. 产品纯度的检验

取少许粗产品和重结晶后所得 KNO_3 晶体分别置于两支试管中，用蒸馏水配制成溶液，然后各滴 2 滴 0.1 mol·L^{-1} $AgNO_3$ 溶液，观察现象，并得出结论。

五、问题与讨论

1. 产品的主要杂质是什么？
2. 能否将除去氯化钠后的滤液直接冷却制取硝酸钾？
3. 考虑到在母液中留有硝酸钾，粗略计算本实验实际得到的最高产量。

注

(1) 减压过滤（又称抽滤或吸滤）

将布氏漏斗通过橡皮塞装在吸滤瓶的口上，吸滤瓶的支管与水泵的橡皮管相接，被滤物转入铺有滤纸的布氏漏斗中。水泵中的急速水流不断将空气带走，使吸滤瓶内产生负压，促使液体较快通过滤纸进入瓶底，沉淀留在布氏漏斗中。

减压过滤时，需掌握以下五个要点：

① 抽滤用的滤纸应比布氏漏斗内径略小一些，但又能把瓷孔全部盖没；

② 布氏漏斗下端的斜口应该面对（不是背对）吸滤瓶的支管；

③ 将滤纸放入漏斗并用蒸馏水润湿后，慢慢打开水泵，先抽气使滤纸贴紧，然后才能往漏斗内转移溶液；

④ 在停止过滤时，应先拔去连接吸滤瓶的橡皮管，然后关掉连接水泵的自来水开关；

⑤ 为使沉淀抽得更干，可用塞子或小烧杯底部压紧漏斗内的沉淀物。

(2) 热过滤

如果溶液中的溶质在温度下降时容易析出大量结晶，而我们又不希望结晶在过滤过程中留在滤纸上，这时就要趁热进行过滤。热过滤有普通热过滤和减压热过滤两种。普通热过滤是将普通漏斗放在铜质的热漏斗内，铜质热漏斗内装有热水，以维持必要的温度。减压热过滤是先将滤纸放在布氏漏斗内并润湿，再将它放在水浴上以热水或蒸汽加热，然后快速完成过滤操作。

实验三　溶液的配制

一、实验目的

1. 熟悉有关溶液浓度的计算。

2. 掌握一般溶液和标准溶液的配制方法和基本操作。

3. 掌握正确使用量筒、移液管、容量瓶的方法。

二、实验原理

无机化学实验通常配制的溶液有一般溶液和标准溶液。

1. 一般溶液的配制

(1) 直接水溶法。对易溶于水又不发生水解的固体，如 NaOH、NaCl、$H_2C_2O_4$ 等，配制其溶液时，可用台秤称取一定量的固体于烧杯中，加入少量蒸馏水，搅拌溶解后，再用蒸馏水稀释到所需体积，最后转入试剂瓶中。

(2) 介质水溶法。对易水解的固体试剂，如 $SnCl_2$、$SbCl_3$、$Bi(NO_3)_3$ 等，配制其溶液时，称取定量的固体，加入适量一定浓度的酸（或碱）使之溶解，再用蒸馏水稀释至所需体积。摇匀后转入试剂瓶。

(3) 稀释法。对于液态试剂，如盐酸、硫酸、氨水等。在配制其溶液时，先用量筒量取所需量的浓溶液，然后用蒸馏水稀释至所需体积。但配制 H_2SO_4 溶液时，应注意需在不断搅拌的情况下缓慢地将浓硫酸倒入水中，切不可将水倒入浓硫酸中。

2. 标准溶液的配制

(1) 直接法。用分析天平准确称取一定量的基准试剂于烧杯中，加入适量蒸馏水使之溶解，然后转入容量瓶，用蒸馏水稀释至刻度，摇匀。

(2) 标定法。不符合基准试剂条件的物质不能用直接法配制标准溶液，但可先配成近似于所需浓度的溶液，然后用基准试剂或已知准确浓度的标准溶液来标定。

(3) 稀释法。当需要通过稀释法配制标准溶液的稀溶液时，可用移液管或吸量管准确吸取其浓溶液至适当的容量瓶中，用蒸馏水稀释至刻度，摇匀。

三、实验用品

仪器或器具：分析天平，台秤，容量瓶（100 mL，200 mL），滴瓶，吸量管（10 mL），量筒（10 mL，250 mL），烧杯（100 mL），火柴，称量纸，石棉网，玻璃棒，洗瓶，皮筋，标签纸，药匙，乳胶手套。

试剂：H_2SO_4，HAc（1.00 mol・L^{-1}），NaOH（s，AR），NaCl（s，AR），NaB_4O_7・$10H_2O$(s，AR)。

四、实验内容

1. 0.1 mol・L^{-1} HCl 溶液的配制

用洁净小量筒量取需要的浓 HCl（提前计算所需浓盐酸体积），倒入 500 mL 试剂瓶中，加入所需体积的蒸馏水，盖好瓶盖，充分摇匀，贴好标签备用。

2. 0.1 mol・L^{-1} NaOH 溶液的配制

在台秤上用小烧杯迅速称取所需质量的固体 NaOH，加入 50 mL 的蒸馏水，溶解，待冷却后将溶液转入 500 mL 试剂瓶中，加蒸馏水至所需体积，用橡皮塞塞紧，摇匀，贴好标签备用。

3. 准确稀释醋酸溶液

用移液管吸取已知浓度的醋酸溶液 25.00 mL，移入 100 mL 容量瓶中，用蒸馏水稀释至刻度。摇匀，计算其准确浓度。

4. 配制 NaB_4O_7 标准溶液

在分析天平上准确称取 3.812 0～3.813 0 g NaB_4O_7・$10H_2O$ 晶体于烧杯中。加入少量蒸馏水使其完全溶解后，转移至 200 mL 容量瓶中，再用洗瓶喷出少量蒸馏水淋洗烧杯和玻璃棒数次，并将每次淋洗的蒸馏水转入容量瓶中。最后以蒸馏水稀释至刻度，摇匀。

五、问题与讨论

1. 配制酸溶液时应注意什么问题？
2. 用容量瓶配制溶液时，要不要先将容量瓶干燥？容量瓶能否烘干？
3. 用容量瓶配制标准溶液时，是否可以用量筒量取浓溶液？

实验四　醋酸浓度的测定

一、实验目的

1. 熟悉、巩固标准溶液配制的基本操作。
2. 熟悉酸碱滴定常用指示剂的变色原理及选择方法。
3. 掌握滴定分析的原理和仪器的正确操作方法。

二、实验原理

标定氢氧化钠溶液常用的基准物质是邻苯二甲酸氢钾或草酸。邻苯二甲酸氢钾是一种二元弱酸的共轭碱，它的酸性较弱，$K_{a2}=2.9\times10^{-6}$，与 NaOH 反应的化学方程式如下：

$$C_6H_4(COOH)(COOK) + NaOH = C_6H_4(COONa)(COOK) + H_2O$$

反应产物是邻苯二甲酸钾钠，在水溶液中呈微碱性，因此应选用酚酞作为指示剂。

氢氧化钠溶液标定浓度计算公式如下：

$$c(NaOH)=\frac{m}{M(KHC_8H_4O_4)\times V(NaOH)}$$

式中　$M(KHC_8H_4O_4)$——邻苯二甲酸氢钾的摩尔质量；

m——实际使用的邻苯二甲酸氢钾的质量，一般为称取的邻苯二甲酸氢钾的十分之一。

醋酸与氢氧化钠反应的化学方程式如下：

$$HAc+NaOH = NaAc+H_2O$$

三、实验用品

仪器或器具：分析天平，台秤，容量瓶(250 mL)，移液管(25 mL)，酸、碱式滴定管(50 mL),锥形瓶(250 mL),试剂瓶(500 mL),量筒(10 mL,250 mL),铁架台,称量纸,石棉网,玻璃棒,洗瓶等。

试剂:浓盐酸(1.19 g·mL^{-1}),NaOH (s, CP),无水碳酸钠(s, AR),邻苯二甲酸氢钾(s, AR),甲基橙水溶液(0.1%),酚酞乙醇溶液(0.2%),待测浓度的醋酸溶液。

四、实验内容

1. 0.1 mol·L^{-1} NaOH 溶液的配制

在台秤上用小烧杯迅速称取所需质量的固体 NaOH,加入 50 mL 的蒸馏水,溶解,待冷却后将溶液转入 500 mL 试剂瓶中,加蒸馏水至所需体积,用橡皮塞塞紧,摇匀,贴好标签备用。

2. 0.1 mol·L^{-1} NaOH 溶液浓度的标定

用分析天平准确称取邻苯二甲酸氢钾 5 g 于小烧杯中,加入蒸馏水约 40 mL,小心搅拌使溶质溶解,然后转入 250 mL 容量瓶中,用少量蒸馏水洗烧杯 2～3 次,洗液一并倒入容量瓶中,最后小心稀释至刻度,摇匀定容。用 25 mL 移液管吸取三份 0.1 mol·L^{-1} NaOH 溶液分别置于 250 mL 锥形瓶中,各加酚酞指示剂 2 滴。自碱式滴定管滴入欲标定的 NaOH 溶液,滴定至锥形瓶中溶液从无色变成浅红色,30 s 内不褪色即达反应终点,记下读数。三次滴定结果相对平均偏差一般不超过 0.3%。

3. 醋酸溶液浓度的测定

用移液管移取未知浓度醋酸溶液 25.00 mL,置于锥形瓶中,加酚酞指示剂 2 滴,用已标定浓度的 NaOH 溶液进行滴定,至溶液呈浅红色且 30 s 内不褪色时,记录滴定结果,计算醋酸溶液的浓度,重复滴定两次,相对平均偏差不超过 0.3%。

五、问题与讨论

1. 标定用的基准物质应具备哪些条件?

2. 准确称取的基准物质置于锥形瓶中,锥形瓶内壁是否要烘干?为什么?

3. 用邻苯二甲酸氢钾标定 NaOH 溶液时,为什么选用酚酞作为指示剂?用甲基橙可以吗?

4. $Na_2C_2O_4$ 能否作为标定酸的基准物?为什么?

第三章　基础原理实验

实验五　沉淀溶解平衡

一、实验目的

1. 掌握沉淀溶解平衡及溶度积原理的应用。
2. 掌握沉淀的溶解与转化的条件。
3. 掌握离心分离的原理及离心机的使用方法。

二、实验原理

1. *溶度积*

一定温度下，难溶电解质的饱和溶液中，难溶盐的固体与其溶入溶液中离子之间存在下列平衡关系：

$$A_mB_n(s) \rightleftharpoons mA^{n+}(aq) + nB^{m-}(aq)$$

溶液中离子浓度幂的乘积为一常数，称为溶度积常数，简称溶度积，即 K_{sp}。

$$K_{sp} = [A^{n+}]^m[B^{m-}]^n$$

2. *溶度积规则*

溶度积规则可作为判断难溶电解质在溶液中能否生成沉淀的准则。以 Q_i 表示离子积，K_{sp} 表示溶度积，则有：

$Q_i > K_{sp}$ 时，溶液中有沉淀析出，溶液为饱和溶液。

$Q_i = K_{sp}$ 时，溶液中无沉淀析出，溶液为饱和溶液。

$Q_i < K_{sp}$ 时，溶液中无沉淀析出，溶液为不饱和溶液。

任何难溶电解质，其饱和水溶液中总有达成溶解平衡的离子。不同难溶电解质的溶解能力不同，它们的 K_{sp} 也不同。

如果溶液中同时含有几种离子，加入的沉淀剂与溶液中几种离子都能发生沉淀反应时，则沉淀的先后顺序将由各离子浓度及产生沉淀的 K_{sp} 决定，首先满足沉淀条件的组分先形成沉淀，这一现象称为分步沉淀。

通过测定某一难溶电解质饱和溶液中各离子浓度，可求得该难溶电解质的溶度积。如 $Mg(OH)_2$ 的溶度积常数为 $K_{sp}[Mg(OH)_2]=[Mg^{2+}][OH^-]^2$。

根据溶度积规则，要使沉淀溶解，必须设法减小难溶电解质饱和溶液中有关离子的浓度，使 $Q_i<K_{sp}$。

三、实验用品

仪器或器具：离心机（公用），离心试管（10 mL），吸量管（1 mL），刻度试管（5 mL，10 mL），量筒（10 mL），烧杯（50 mL），试管架，滴管，吸耳球。

试剂：$Pb(NO_3)_2$ 溶液（0.10 mol・L^{-1}），KI 溶液（0.10 mol・L^{-1}），NaCl 溶液（0.10 mol・L^{-1}），K_2CrO_4 溶液（0.10 mol・L^{-1}），$AgNO_3$ 溶液（0.10 mol・L^{-1}），饱和 PbI_2 溶液，Na_2S 溶液（0.10 mol・L^{-1}），$MgCl_2$ 溶液（0.10 mol・L^{-1}），氨水（2.0 mol・L^{-1}），盐酸（2.0 mol・L^{-1}），饱和 NH_4Cl 溶液，NaCl 溶液（1.0 mol・L^{-1}）。

四、实验内容

1. 溶度积规则的应用

（1）在试管中加入 1.0 mL 0.10 mol・L^{-1} $Pb(NO_3)_2$ 溶液，再加入 1.0 mL 0.10 mol・L^{-1} KI 溶液，观察有无沉淀生成，试用溶度积规则进行解释。

（2）在 50 mL 烧杯中加入 1 滴 0.10 mol・L^{-1} $Pb(NO_3)_2$ 溶液，加入 10.0 mL 蒸馏水稀释后，再逐滴加入 0.10 mol・L^{-1} KI 溶液进行上面的实验，观察有无沉淀生成，试用溶度积规则进行解释。

（3）在试管中加入 10 滴 0.10 mol・L^{-1} NaCl 溶液和 2 滴 0.10 mol・L^{-1} K_2CrO_4 溶液，然后边振荡试管，边逐滴加入 0.10 mol・L^{-1} $AgNO_3$ 溶液，观察沉淀的颜色，试用溶度积规则进行解释。

2. 同离子效应

在试管中加入 1.0 mL 饱和 PbI_2 溶液，然后逐滴加入 0.10 mol・L^{-1} KI 溶

液,振荡试管,观察有何现象,说明原因。

3. 分步沉淀

在试管中滴入 1 滴 0.10 mol·L^{-1} Na_2S 溶液和 5 滴 0.10 mol·L^{-1} K_2CrO_4 溶液,用蒸馏水稀释至 5.0 mL,然后逐滴加入 0.10 mol·L^{-1} $Pb(NO_3)_2$ 溶液,观察首先生成沉淀的颜色。待沉淀沉降后,继续向上清液中滴加 0.10 mol·L^{-1} $Pb(NO_3)_2$ 溶液,会出现什么颜色的沉淀?试用溶度积原理解释上述现象。

4. 沉淀的溶解

在两支试管中分别加入 10 滴 0.10 mol·L^{-1} $MgCl_2$ 溶液,并逐滴加入 2.0 mol·L^{-1} 氨水至有白色 $Mg(OH)_2$ 沉淀生成,然后再向第一支试管滴加 2.0 mol·L^{-1} 盐酸,向第二支试管中滴加饱和 NH_4Cl 溶液,观察两支试管中的反应现象,写出有关化学方程式。

5. 沉淀的转化

在离心试管中滴入 5 滴 0.10 mol·L^{-1} $Pb(NO_3)_2$ 溶液和 3 滴 1.0 mol·L^{-1} NaCl 溶液,振荡离心试管,待沉淀完全后,离心分离,然后向沉淀中滴加 3 滴 0.10 mol·L^{-1} KI 溶液,观察沉淀颜色的变化。说明原因,并写出有关的化学反应方程式。

五、问题与讨论

1. 沉淀溶解的条件是什么?可采用的方法有哪些?

2. AgCl 的 $K_{sp}(1.8\times10^{-10})$大于 Ag_2CrO_4 的 $K_{sp}(1.1\times10^{-12})$,若溶液中$[Cl^-]$和$[CrO_4^{2-}]$均为 0.1 mol·$L^{-1}$,则加入 $AgNO_3$ 时,何者先沉淀?

3. Ag_2CO_3、Ag_3PO_4 和 Ag_2S 三种沉淀能否溶入 HNO_3,为什么?

实验六 高锰酸钾法标定 H_2O_2 含量

一、实验目的

1. 学习氧化还原滴定法中高锰酸钾法的相关原理。
2. 学会 $KMnO_4$ 标准溶液的配制、标定及 H_2O_2 含量的测定方法。
3. 熟练掌握移液管、容量瓶、酸式滴定管的正确使用方法。

二、实验原理

$KMnO_4$ 在酸性、中性和碱性溶液中都能发生氧化还原反应，但在酸性溶液中氧化能力强，而且还原时反应产物是 Mn^{2+}，而不是褐色的 MnO_2 沉淀。因 MnO_2 可使溶液变浑浊，影响终点的判断，所以 $KMnO_4$ 滴定通常是在强酸性溶液中进行的。在强酸性溶液中，

$$MnO_4^- + 8H^+ + 5e^- \rightleftharpoons Mn^{2+} + 4H_2O$$

用于高锰酸钾法的强酸一般是不含还原性物质的硫酸。因 HNO_3 本身为氧化剂，HCl 又可能被 $KMnO_4$ 氧化，所以都不适用。

在进行滴定时，溶液必须有足够的酸度，否则生成 MnO_2 沉淀。

$$MnO_4^- + 2H_2O + 3e^- \rightleftharpoons MnO_2 \downarrow + 4OH^-$$

$KMnO_4$ 的氧化反应一般在常温下进行较慢，因此在反应前需将溶液加热，以促进反应的进行。但对 Fe^{2+}、H_2O_2 等易被氧化的物质，则不必加热。

$KMnO_4$ 标准溶液不能直接配制，要采用间接法配制。标定 $KMnO_4$ 的基准物质常用 $Na_2C_2O_4$。草酸钠不含结晶水，又容易精制，且没有吸湿性，反应如下：

$$2MnO_4^- + 16H^+ + 5C_2O_4^{2-} \rightleftharpoons 2Mn^{2+} + 8H_2O + 10CO_2 \uparrow$$

此反应虽需要加热但开始时反应速度仍然较慢，不过反应开始之后所产生的 Mn^{2+} 具有催化作用，将自动地加快反应速度。达到滴定终点时，根据所用

$KMnO_4$ 溶液的体积，即可算出它的准确浓度。

高锰酸钾法的指示剂就是 $KMnO_4$ 本身，因为 MnO_4^- 离子呈鲜明的紫红色，而反应所得的 Mn^{2+} 几乎没有颜色，当溶液中的还原性物质尚未完全被氧化之前，滴入的 $KMnO_4$ 所呈现的紫红色立刻消失，待还原性物质完全被氧化以后，过量的 $KMnO_4$ 不再褪色，将全部溶液染成淡红色，表示反应已达终点。

$KMnO_4$ 是较强的氧化剂，可用来测定 Fe^{2+}、$C_2O_4^{2-}$ 等还原性物质的含量。在测定双氧水中 H_2O_2 含量的实验中，由于 $KMnO_4$ 的氧化能力比 H_2O_2 强，因此 H_2O_2 在酸性溶液中被 $KMnO_4$ 氧化，其化学反应方程式为

$$2MnO_4^- + 5H_2O_2 + 6H^+ \rightleftharpoons 2Mn^{2+} + 8H_2O + 5O_2\uparrow$$

三、实验用品

仪器或器具：烧杯（600 mL，400 mL），称量瓶，表面皿，棕色试剂瓶（1 000 mL），容量瓶（250 mL），吸耳球，移液管（25 mL），酸式滴定管（50 mL）。

试剂：$KMnO_4$（s，AR），$Na_2C_2O_4$（s，AR），H_2SO_4 溶液（3 mol·L^{-1}），市售双氧水。

四、实验内容

1. 0.005 mol·L^{-1} $KMnO_4$ 溶液的配制

（1）用台秤称取固体 $KMnO_4$ 0.40～0.44 g 置于 600 mL 烧杯中，加去离子水约 525 mL，搅拌并缓慢加热使之溶解，在烧杯上盖上表面皿，加热至沸，然后用小火维持沸腾约半小时，冷却后转移入洁净的棕色瓶中静置数天。

（2）将静置后溶液（不可振摇）倾入清洁的 600 mL 烧杯中，弃去瓶底残余物，洗净棕色瓶，再用少量 $KMnO_4$ 溶液淋洗 2～3 次，弃去淋洗液，然后将 $KMnO_4$ 溶液仍旧倾入棕色瓶内，等待标定。

2. $KMnO_4$ 标准溶液浓度的标定

（1）在分析天平上精确称取分析纯的 $Na_2C_2O_4$ 0.40～0.43 g（称准至 0.1 mg），置于洁净的烧杯中，加去离子水 100 mL，搅拌使之完全溶解，小心倒入 250 mL 容量瓶中，再用去离子水淋洗烧杯 2～3 次，洗液均要倒入容量瓶，小心加去离子水至刻度线，盖紧瓶塞，摇匀。

(2) 用移液管吸取 $Na_2C_2O_4$ 溶液 25.00 mL 置于 400 mL 烧杯中，加去离子水 100 mL，再加 3 mol · L^{-1} H_2SO_4 溶液 10 mL，加热至溶液冒热气，烧杯烫手（约 80 ℃）。

(3) 将 $KMnO_4$ 溶液装入用 $KMnO_4$ 溶液淋洗过的酸式滴定管中，等待 1 min 后读取读数（由于 $KMnO_4$ 溶液颜色深，弯月面不易看出，读数时应以液面最高处为准），趁热滴定 $Na_2C_2O_4$ 溶液。

(4) 滴定开始时，$KMnO_4$ 颜色消失缓慢，此时应不断搅拌，待颜色消失后，$KMnO_4$ 溶液可逐渐稍快加入，但最后仍须一滴一滴缓缓加入，每加一滴，经搅拌至颜色消失后方可再加，直至最后一滴能使溶液呈微红色（淡粉红色），且在 30 s 内颜色不再消失为止，此即为滴定终点。读取最后读数。

(5) 用同样的方法再重复测定两次，三次结果的相对偏差不得超过 0.3%。

按下式计算 $KMnO_4$ 溶液的准确浓度：

$$c\left(\frac{1}{5}KMnO_4\right)=\frac{m(Na_2C_2O_4)\times\frac{25.00}{250.0}}{V(KMnO_4)\times\frac{M\left(\frac{1}{2}Na_2C_2O_4\right)}{1\ 000}}$$

式中　$M\left(\frac{1}{2}Na_2C_2O_4\right)$——草酸钠的摩尔质量，取 67.00 g · mol^{-1}；

$m(Na_2C_2O_4)$——每次滴定实际使用的草酸钠的质量，一般为称取的草酸钠质量的十分之一。

3. 双氧水中 H_2O_2 百分含量的测定

(1) 用移液管吸取 25.00 mL 双氧水样品置于 400 mL 烧杯中，加去离子水 100 mL，再加 3 mol · L^{-1} H_2SO_4 溶液 10 mL。

(2) 自酸式滴定管中滴入 $KMnO_4$ 标准溶液，不断搅拌，至溶液呈浅红色，经搅拌 30 s 仍不褪去，即为滴定终点。

(3) 用同样的方法再测定两次，按下式计算 H_2O_2 的百分含量（g · mL^{-1}）：

$$H_2O_2\%=\frac{c\left(\frac{1}{5}KMnO_4\right)\times V(KMnO_4)\times\frac{M\left(\frac{1}{2}H_2O_2\right)}{1\ 000}}{V(H_2O_2)}\times100\%$$

其中，$M\left(\frac{1}{2}H_2O_2\right)$为 17.01 g·mol^{-1}。

三次测出的双氧水中 H_2O_2 百分含量的相对偏差应符合要求。

五、问题与讨论

1. 若滴入 $KMnO_4$ 后，不能得到无色澄清的溶液，而仅得到棕黄色溶液，此时能否再加入适量的 H_2SO_4 继续进行滴定？

2. $KMnO_4$ 在酸性、中性和碱性溶液中进行氧化还原反应，计算时 $KMnO_4$ 基本单位各取什么？

3. 高锰酸钾法与中和法有什么本质区别？

4. 用 $Na_2C_2O_4$ 标定 $KMnO_4$ 溶液时为什么要加热到 70～80 ℃？温度过高会怎样？

实验七　醋酸电离常数的测定及弱酸-强碱滴定曲线的绘制

一、实验目的

1. 复习巩固电极电位概念与能斯特方程。
2. 学会溶液 pH、醋酸电离常数的测定方法及弱酸-强碱滴定曲线的绘制。
3. 学会 pH 计的使用方法。

二、实验原理

醋酸是一元弱酸，在水溶液中存在着下列电离平衡：

$$HAc + H_2O \rightleftharpoons H_3O^+ + Ac^-$$

其电离常数表达式为

$$K_{HAc} = \frac{[H_3O^+][Ac^-]}{[HAc]}$$

如以对数式表示，则为

$$\lg K_{HAc} = \lg \frac{[H_3O^+][Ac^-]}{[HAc]}$$

当$[Ac^-]=[HAc]$时，

$$\lg K_{HAc} = -pH$$

如果在一定温度下测得醋酸溶液在$[Ac^-]=[HAc]$时的 pH，就可计算醋酸的电离常数。

本实验用酸度计测定 NaOH 与 HAc 滴定过程中的 pH 变化，然后以 NaOH 的滴定体积(毫升数)为横坐标，溶液的 pH 为纵坐标绘制滴定过程中的 pH 变化曲线，即滴定曲线。从滴定曲线上找出滴定终点时加入的 NaOH 的体积(毫升数),再找出加入 NaOH 的体积为$\frac{1}{2}V$时溶液的 pH,根据 $\lg K_{HAc}=-pH$,即可求得 HAc 的电离常数 K_{HAc}。

三、实验用品

仪器或器具:碱式滴定管(50 mL),高型烧杯(250 mL),pH 计,电磁搅拌器,移液管(25 mL),复合电极。

试剂:HAc 溶液(0.1 mol·L^{-1}),NaOH 溶液(0.1 mol·L^{-1}),pH 标准缓冲溶液,酚酞指示剂。

四、实验内容

用移液管移取 25.00 mL 0.1 mol·L^{-1} HAc 溶液,置于 250 mL 的高型烧杯中,把烧杯放在电磁搅拌器上,烧杯内放入一根洗净的搅拌磁棒。另外,取一支 50 mL 的碱式滴定管,向其中注入 0.1 mol·L^{-1} NaOH 溶液,调节液面高度为 0.00 mL。将滴定管固定在烧杯的上方。

分别用 pH=6.92 和 pH=4.00(10 ℃时)的标准溶液校正酸度计的读数。把经去离子水洗净的复合电极小心地插入盛有 HAc 溶液的烧杯内,并固定电极的位置。

注意:电极下端必须高于杯底 1 cm 左右,以免搅拌时磁棒触及电极。

在烧杯内加入适量去离子水,使电极的球浸没在溶液中(注意滴定过程中尽量不要加水,会影响溶液 pH)。另外,在溶液中加入 2 滴酚酞指示剂后,开启电磁搅拌器的搅拌开关,调节适当的转速,使溶液平稳地搅动(切勿搅拌太快,以免溶液溅失)。

待酸度计读数稳定后,记下滴定开始前溶液的 pH(精确至 0.01)。

由滴定管依次放入一定体积的 NaOH 溶液。每次加入 NaOH 溶液后,记下滴定管的体积读数(精确至 0.01 mL),并且待酸度计读数稳定后,记下溶液的 pH。在滴定过程中,注意记录酚酞变色时溶液的 pH。

加入 NaOH 溶液的量依次如下:

第一次加 1 mL,然后每次加 2 mL;

当溶液的 pH 上升至 5.75 后,每次加 0.5 mL;

当溶液的 pH 上升至 6.20 后，每次加 0.2 mL；

当溶液的 pH 上升至 6.50 后，每次加 0.05 mL(约一滴)；

当溶液的 pH 上升至 7.50 后，每次加 0.02～0.03 mL(约半滴)；

当溶液的 pH 上升至 9.50 后，每次加 0.1 mL；

当溶液的 pH 超过 11.00 后，每次加 0.5 mL，待溶液的 pH 上升到 12 后，每次加 2 mL，直至加入的 NaOH 溶液体积为 40.00 mL。滴定完毕，关闭电磁搅拌器，小心地取出电极，电极用去离子水冲洗干净后，浸入电极帽中。

五、问题与讨论

为何本实验中所得的滴定曲线在开始时 pH 上升较快(曲线较陡)，后来逐渐减缓(曲线较平坦)，接近 pH 突跃时，pH 上升又变快?

注

本实验的数据处理时，可使用 Origin 软件绘制 pH～V(NaOH)曲线，通过对 V(NaOH)求导，可以得到滴定终点的 V(NaOH)，随之获得$\frac{1}{2}V$(NaOH)。

[参考文献：许兵，王晓岗，张荣华. 醋酸电离常数测定实验数据处理方法的改进[J]. 大学化学，2015，18(1)：15-18.]

实验八　水的总硬度测定

一、实验目的

掌握配合滴定法的基本原理和方法。

二、实验原理

利用氨羧螯合剂与多种金属离子形成稳定的螯合物，以测定多种金属离子的含量。氨羧螯合剂中应用最广的是乙二胺四乙酸 H_4Y 及其二钠盐 Na_2H_2Y，合称 EDTA。

EDTA 与金属离子的螯合反应主要是 Y^{4-} 与金属离子的螯合。它与各种价态的金属离子一般形成 1∶1 的可溶性稳定螯合物。

$$M+Y \rightleftharpoons MY\text{(略去电荷)}$$

螯合物的稳定性与溶液的 pH 有关，溶液的 pH 过低，Y^{4-} 与 H^+ 结合将促使螯合物离解；溶液的 pH 过高，多数金属离子会水解成氢氧化物沉淀，此时金属离子浓度降低，同样不能使螯合反应进行完全。因此，在测定中常须加入一定量的缓冲溶液以控制溶液的酸碱度。

在测定 Ca^{2+}、Mg^{2+} 总量时，取一份试液，用 $NH_3 \cdot H_2O\text{-}NH_4Cl$ 缓冲溶液调节 pH=10，以铬黑 T(铬黑 T 为弱酸性偶氮染料，以 NaH_2In 表示)为指示剂，因稳定性 $CaY^{2-}>MgY^{2-}>MgIn^{-}>CaIn^{-}$，所以铬黑 T 先与部分 Mg^{2+} 螯合成 $MgIn^-$，使溶液呈酒红色。当滴入 EDTA 标准溶液时，Y^{4-} 与溶液中游离的 Ca^{2+}、Mg^{2+} 螯合，到达终点后，过量 EDTA 夺取 $MgIn^-$ 中的 Mg^{2+}，使铬黑 T 游离(HIn^{2-})，溶液由酒红色恰好变为纯蓝色时，指示达到滴定终点。由 EDTA 标准溶液的用量计算试样中的钙镁含量。

铬黑 T 在不同 pH 溶液中呈现不同颜色：pH<6.3 时为紫红色，是以 H_2In^- 形式存在；6.3<pH<11.6 时为蓝色，是以 HIn^{2-} 形式存在；而 pH>11.6 时为橙色，是以 In^{3-} 形式存在。

三、实验用品

仪器或器具：电子天平，容量瓶（250 mL），碱式滴定管（50 mL），试剂瓶（1 000 mL），锥形瓶（250 mL，2 只），称量瓶，移液管（100 mL，25 mL）。

试剂：EDTA 二钠盐，1∶1 盐酸，1∶1 氨水，铬黑 T 指示剂，ZnO（基准级，800 ℃灼烧至恒温），$NH_3 \cdot H_2O—NH_4Cl$ 缓冲溶液。

四、实验内容

1. EDTA 标准溶液的配制和标定

（1）配制 0.01 $mol \cdot L^{-1}$ EDTA 标准溶液 500 mL。

（2）在电子天平上精确称取 ZnO 0.16～0.24 g（准确至 0.1 mg），置于烧杯中，先用水润湿，再缓缓滴加 1∶1 稀盐酸至 ZnO 完全溶解（稀盐酸不可多加），加水稀释，将溶液移入 250 mL 容量瓶中，用水洗涤烧杯 2～3 次，洗液并入容量瓶中，小心加水至刻度线，盖紧瓶塞，摇匀。

（3）用移液管吸取 $ZnCl_2$ 溶液 25.00 mL 置于锥形瓶中，滴加 1∶1 氨水至刚出现 $Zn(OH)_2$ 白色沉淀，然后加 $NH_3 \cdot H_2O—NH_4Cl$ 缓冲溶液 10 mL 和固体铬黑 T 指示剂少许。因铬黑 T 先与少量 Zn^{2+} 形成红色配合物，溶液呈酒红色。

（4）将 EDTA 标准溶液装入碱式滴定管中，读取初读数，然后滴定 Zn^{2+} 溶液，直至溶液由酒红色变为紫色再变为浅蓝色，即为滴定终点，读取最后读数。

（5）用同样的方法再测定两次，三次结果的相对平均偏差小于 0.3%。

按下式计算 EDTA 标准溶液的浓度：

$$c_{EDTA}=\frac{W_{ZnO}}{M_{ZnO}\times V_{EDTA}}\times 1\,000$$

式中　V_{EDTA}——EDTA 标准溶液的用量，mL；

W_{ZnO}——每一次滴定实际参加反应的 ZnO 的克数，一般为称取的 ZnO 质量的十分之一。

2. 水的总硬度测定

水的硬度主要由水中钙盐和镁盐所形成，其他金属离子（如铁、铝、锰、锌的离子）也会影响水的硬度，但一般含量甚微，在测定硬度时可以忽略不计。

水中所含钙和镁的酸式盐，加热能被分解，可通过析出沉淀而除去，这种盐所形成的硬度称为暂时硬度，例如：

$$Ca(HCO_3)_2 \xrightarrow{\triangle} CaCO_3\downarrow + H_2O + CO_2\uparrow$$

钙和镁的其他盐类（如硫酸盐、氯化物等）经加热不能分解，这种盐所形成的硬度称为永久硬度。

暂时硬度和永久硬度的总和称为总硬度。

测定总硬度时，一般用铬黑 T 作指示剂，控制 pH＝10，用 EDTA 标准溶液测定钙和镁离子总量时，以 $mmol\cdot L^{-1}$ 表示。

测定步骤：吸取 100.00 mL 水样于 250 mL 锥形瓶中，加入 5 mL $NH_3\cdot H_2O—NH_4Cl$ 缓冲溶液，加入铬黑 T 指示剂少许，用 EDTA 标准溶液缓缓滴定，滴定至溶液由酒红色变为纯蓝色即达终点，记下所用 EDTA 标准溶液毫升数，按下式计算水硬度：

$$水硬度(mmol\cdot L^{-1})=\frac{V_{EDTA}\times c_{EDTA}\times 1\,000}{V_{水样}}$$

五、问题与讨论

1. 为什么螯合滴定都要控制一定的酸碱度？
2. 试说明铬黑 T 在螯合滴定中的变色原理。

实验九　分光光度法测定水中微量铁

一、实验目的

1. 掌握分光光度法测定微量元素含量的原理。
2. 学会使用分光光度计。

二、实验原理

溶液中的有色物质在光的照射下产生了对光的吸收效应，物质对光的吸收是具有选择性的。各种不同的物质都有其各自的吸收光谱且存在最大吸收波长 λ_{max}。因此，当单色光通过溶液时，光强度就会被吸收而减弱，光强度的减弱程度和物质的浓度 c、液层的厚度 b 有一定的比例关系，即符合朗伯-比尔定律：

$$\lg\frac{I_0}{I_t}=\varepsilon\times b\times c$$

或

$$A=\varepsilon\times b\times c$$

式中 I_0——入射光的强度，$W\cdot m^{-2}$；

I_t——透射光的强度，$W\cdot m^{-2}$；

A——吸光度；

ε——摩尔吸光系数，$L\cdot mol^{-1}\cdot cm^{-1}$。

当入射光的强度、吸光系数、液层厚度不变时，吸光度和溶液浓度成正比，分光光度计就是根据此原理设计的。在最大吸收波长处测定吸光度灵敏度最高。

配制一系列被测物的标准溶液，在 λ_{max} 处测得标准溶液的吸光度，以吸光度为纵坐标，浓度为横坐标，作出标准曲线，同时测出未知样品的吸光度，从标准曲线上查得被测样品的含量，这即是常用的标准曲线法。

分光光度法具有较高的灵敏度和一定的准确度，一般可测定 $10^{-5}\%\sim1\%$ 的微量组分，但对高含量物质组分的测定，其相对误差大于容量法。

微量铁的比色测定方法很多，有硫氰酸钾法、磺基水杨酸法、邻菲罗啉法。

本实验以磺基水杨酸作显色剂，在 pH＝5 的缓冲溶液中，Fe^{3+} 与其生成稳定的 1∶2 橙色配合物，其显色反应如下：

$$Fe^{3+} + 2\ \text{HO—}\underset{SO_3H}{\overset{COOH}{\bigcirc}} \longrightarrow \left[Fe\left(\text{O—}\underset{SO_3}{\overset{COO}{\bigcirc}}\right)_2\right]^{3-} + 6H^+$$

三、实验用品

仪器或器具：分光光度计，移液管（5 mL），容量瓶（50 mL）8 只，刻度吸管（5 mL）2 支，量筒（50 mL）。

试剂：100 $\mu g \cdot mL^{-1}$ 标准铁溶液①，10％磺基水杨酸溶液，pH＝5 的 HAc—NaAc 缓冲溶液②，待测水样。

四、实验内容

1. 配制系列标准溶液和待测溶液

在 8 只 50 mL 容量瓶中，按表 3-1 用刻度吸管分别加入标准 Fe^{3+} 溶液和待测溶液，每个容量瓶中再用移液管移入 10％磺基水杨酸溶液 5.00 mL，用 pH＝5 的缓冲溶液稀释至刻度，摇匀备用。

表 3-1　标准溶液和待测溶液配制

标号	空白	1	2	3	4	5	6	未知
标准 Fe^{3+} 溶液体积/mL	0.00	0.50	1.00	1.50	2.00	2.50	3.00	1.00
Fe^{3+} 在 50 mL 溶液中质量/μg	0	50	100	150	200	250	300	
吸光度 A								

① 100 $\mu g \cdot mL^{-1}$ 标准铁溶液：0.48 g $FeCl_3 \cdot 6H_2O$ 溶于含 20 mL 浓盐酸的水中，稀释至 1 000 mL。

② HAc—NaAc 缓冲溶液：称取 16.4 g NaAc 溶于 200 mL 水中，加入 6.3 mL 冰醋酸，然后用水稀释至 1 000 mL（$c_{NaAc}=0.2\ mol \cdot L^{-1}$，$c_{HAc}=0.11\ mol \cdot L^{-1}$）。

2. 吸收曲线的绘制

在标号1到6的标准溶液中任选一个溶液，以空白溶液作为参比溶液，测定该溶液在不同波长下的吸光度A。波长范围：400～500 nm，每5 nm测定一个吸光度，即405 nm，410 nm，415 nm，…，500 nm。以吸光度A为纵坐标，波长为横坐标，绘制吸收曲线。

3. 标准曲线的绘制和待测溶液的测定

在吸收曲线上选取吸光度A最大的波长，在该波长下，以空白溶液为参比溶液，测定系列标准溶液和待测溶液的吸光度A，以A为纵坐标，系列标准溶液Fe^{3+}含量[$\mu g \cdot (50\ mL)^{-1}$]为横坐标，绘制标准曲线。

从标准曲线上查出待测溶液对应浓度，计算未知溶液中Fe^{3+}含量($\mu g \cdot mL^{-1}$)。

$$\text{未知溶液中 } Fe^{3+} \text{ 含量} = \frac{\text{从标准曲线查得含铁量}}{1\ mL}$$

五、问题与讨论

1. 实验中为什么用pH=5的缓冲溶液配制系列标准溶液和待测溶液？用蒸馏水配制为什么不行？
2. 以本实验为例，说明溶液的颜色和吸收曲线峰值波长有何关系。
3. 本实验为什么以空白溶液作为参比溶液？
4. 在使用分光光度计时，为什么在未测定时必须打开比色皿箱盖？

实验十　配合物的形成与性质

一、实验目的

1. 了解配离子和简单离子的区别。
2. 了解配离子的生成和解离条件。

二、实验原理

1. 配位化合物的性质

配合物一般可分为内界和外界两个部分。中心原子和配体组成配合物的内界,带有相反电荷的离子处于外界。中心原子和配体配位后,其性质就会发生改变,如颜色、溶解度、氧化性和还原性等。

2. 配位平衡

配离子在水溶液中存在配位-解离平衡。例如$[Ag(NH_3)_2]^+$在溶液中存在下列平衡:

$$Ag^+ + 2NH_3 \rightleftharpoons [Ag(NH_3)_2]^+$$

当达到平衡时:

$$K^{\theta}_{s\{[Ag(NH_3)_2]^+\}} = \frac{[Ag(NH_3)_2]^+}{[NH_3]^2[Ag^+]}$$

其中,$K^{\theta}_{s\{[Ag(NH_3)_2]^+\}}$为$[Ag(NH_3)_2]^+$的稳定常数,不同的配离子具有不同的稳定常数,对于配体个数相同的配离子,稳定常数越大,配离子越稳定。

根据平衡移动原理,改变中心原子或配体的浓度,会使配位平衡发生移动。加入某些沉淀剂,改变溶液的浓度或改变溶液的酸度,配位平衡都会发生移动。

3. 螯合物

螯合物是由中心原子与多齿配体形成的具有环状结构的配合物。许多金属离子形成的螯合物具有特征性的颜色,且难溶于水,但易溶于有机溶剂。

三、实验用品

仪器或器具：试管，试管架，滴管。

试剂：$CuSO_4$ 溶液（0.1 mol·L^{-1}），$BaCl_2$ 溶液，$FeCl_3$ 溶液，NaF 溶液，KI 溶液，NaCl 溶液，$AgNO_3$ 溶液，$Na_2C_2O_4$ 溶液，$(NH_4)_2S$ 溶液，KSCN 溶液，$K_3[Fe(CN)_6]$溶液，NaOH 溶液，氨水（2 mol·L^{-1}，6 mol·L^{-1}），盐酸（6 mol·L^{-1}），饱和$(NH_4)_2C_2O_4$ 溶液，CCl_4。

四、实验内容

（一）配合物的制备

在试管中加入 0.1 mol·L^{-1} $CuSO_4$ 溶液 10 滴，再加入 2 mol·L^{-1} 氨水 2 滴，观察现象。然后继续加入过量的氨水，观察有何变化。将此溶液分盛两支试管，分别加入 0.1 mol·L^{-1} $BaCl_2$ 溶液和 0.1 mol·L^{-1} NaOH 溶液各 2 滴，再仔细观察实验现象，并写出有关化学反应方程式。

（二）配离子和简单离子的区别

取两支试管，分别加入 0.1 mol·L^{-1} $FeCl_3$ 溶液和 0.1 mol·L^{-1} $K_3[Fe(CN)_6]$ 溶液各 10 滴，然后各加入 0.1 mol·L^{-1} KSCN 溶液 2 滴，观察实验现象，并解释在两种化合物中都有 Fe^{3+} 离子，实验现象却不相同的原因。

（三）配离子稳定性的比较

取一支试管，加入 0.1 mol·L^{-1} $FeCl_3$ 溶液 10 滴，再加入 0.1 mol·L^{-1} KSCN 溶液 2 滴，观察溶液的颜色，然后逐滴加入 0.1 mol·L^{-1} NaF 溶液，观察颜色是否完全褪去，再往溶液中滴加饱和$(NH_4)_2C_2O_4$ 溶液数滴，溶液有何变化？比较三种离子的稳定性。

（四）配位平衡的移动

1. 配位平衡与沉淀平衡

(1) 在试管中加入 0.1 mol·L^{-1} $AgNO_3$ 溶液 10 滴，再加入 0.1 mol·L^{-1} NaCl 溶液 2 滴，观察现象，然后加入过量的 6 mol·L^{-1} 氨水，再观察现象，将上述溶液分盛两支试管，在两支试管中分别滴加 0.1 mol·L^{-1} NaCl 溶液和 0.1 mol·L^{-1} NaBr 溶液各 2 滴，观察实验现象，并解释。

(2) 在两支试管中，分别加入 0.1 mol·L^{-1} $(NH_4)_2S$ 溶液和 0.1 mol·L^{-1} $Na_2C_2O_4$ 溶液各 5 滴，再加入 0.1 mol·L^{-1} $CuSO_4$ 溶液各 5 滴，观察现象，然后分别在两沉淀中加入 6 mol·L^{-1} 氨水 5 滴，观察现象，并根据实验现象，判断 CuS 和 CuC_2O_4 两种难溶电解质溶度积的大小。

2. 配位平衡与酸碱平衡

(1) 在试管中加入 0.1 mol·L^{-1} $[Ag(NH_3)_2]^+$ 溶液 1 mL(自制)，依次加入 2 mol·L^{-1} HNO_3 3 滴和 0.1 mol·L^{-1} NaCl 溶液 2 滴，观察有无 AgCl 沉淀产生，并写出化学方程式。

(2) 在试管中加入 0.1 mol·L^{-1} $FeCl_3$ 溶液，再加入 0.1 mol·L^{-1} $Na_2C_2O_4$ 溶液数滴，生成 $[Fe(C_2O_4)_3]^{3-}$ 配离子，然后加入 0.1 mol·L^{-1} KSCN 溶液 1 滴，观察现象。在上述溶液中逐滴加入 6 mol·L^{-1} 盐酸，又有何现象产生?

3. 配位平衡与氧化还原反应

取两支试管分别加入 5 滴 0.1 mol·L^{-1} $FeCl_3$ 溶液，在其中一支试管中逐滴加入 0.1 mol·L^{-1} NH_4F 溶液，摇匀至溶液黄色褪去，再过量滴加几滴。然后在两支试管中分别加入 5 滴 0.1 mol·L^{-1} KI 溶液和 5 滴 CCl_4，振荡，观察两支试管中 CCl_4 层的颜色。解释现象，并写出化学方程式。

(五) 螯合物的生成

取两支试管，在一支试管中滴加 10 滴 $[Fe(CN)_6]^{3-}$ 溶液(自制)，在另一支试管中滴加 10 滴 $[Cu(NH_3)_4]^{2+}$ (自制)，然后分别向两支试管中滴加 0.1 mol·L^{-1} 的 EDTA 溶液，各有什么现象发生? 解释所产生的现象。

五、问题与讨论

1. 举例说明配离子和简单离子在颜色、离子浓度、溶解度、氧化性、还原性等性质上的区别。

2. 本实验中所用到的 EDTA 是什么物质? 它与金属离子所形成的配离子有何特点?

3. 总结本实验中所观察到的现象，简述有哪些因素会影响配位平衡。

实验十一　化学反应速率与化学平衡

一、实验目的

1. 了解浓度、温度、催化剂对化学反应速率的影响。
2. 练习在水浴中保持恒温的操作。
3. 练习根据实验数据进行作图的方法。

二、实验原理

化学反应速率是以单位时间内作用物浓度的改变来计算的。影响化学反应速率的因素有浓度、温度、催化剂等。化学反应速率与各反应物浓度幂次方的乘积成正比，这一规律称为质量作用定律。温度对反应速率有显著的影响。催化剂的存在可以剧烈地改变反应速率。

在可逆反应中，当正逆反应速率相等时，即达到了化学平衡。当外界条件（如浓度、压力或温度等）改变时，平衡将发生移动。利用吕查德里原理（当条件改变时，平衡就向能减弱这个改变的方向移动）可判断平衡移动的方向。

三、实验用品

仪器或器具：秒表，温度计（100 ℃），烧杯（150 mL，400 mL，各 2 只），NO 平衡器。

试剂：MnO_2(s)，KCl(s)，KIO_3 溶液（0.01 mol·L^{-1}），Na_2SO_3＋淀粉溶液①，稀 H_2SO_4（4 mL 浓 H_2SO_4 稀释至 1 L），$FeCl_3$ 溶液（0.01 mol·L^{-1}，饱和），KCNS 溶液（0.03 mol·L^{-1}，饱和），3% H_2O_2 溶液。

四、实验内容

1. 浓度对反应速率的影响

KIO_3 用硫酸酸化后，可将 Na_2SO_3 氧化为硫酸钠，而其本身被还原为碘，其

① 0.63 g Na_2SO_3 溶于少量的水，再用少量的水将 5 g 淀粉调成浆状，然后加到 100～200 mL 的沸水中，煮沸，冷却后加入 Na_2SO_3 溶液，然后加水稀释至 1 L。

反应如下：

$$2KIO_3 + 5Na_2SO_3 + H_2SO_4 \longrightarrow K_2SO_4 + 5Na_2SO_4 + H_2O + I_2$$

反应中产生的碘可使淀粉变为蓝色，如果在溶液中预先加入淀粉作为指示剂，则淀粉变蓝所需时间"t"的长短可用来表示反应速率的快慢。时间"t"和反应速率成反比，$\frac{1}{t}$则和反应速率成正比，如果固定 Na_2SO_3 和 H_2SO_4 的浓度，改变 KIO_3 的浓度，则可以得到$\frac{1}{t}$和 KIO_3 浓度变化之间的直线关系。

根据上面的化学反应方程式，反应速率似乎应和 KIO_3 浓度的二次方及 Na_2SO_3 浓度的五次方成正比，但反应速率实际上和 KIO_3 浓度及 Na_2SO_3 浓度的一次方成正比。

实验方法如下：

用 50 mL 量筒正确量取 Na_2SO_3 溶液 20 mL 和蒸馏水 50 mL，加到 150 mL 小烧杯中，搅拌均匀，用另一只 50 mL 量筒正确量取 0.01 mol·L^{-1} KIO_3 溶液 10 mL 和稀 H_2SO_4 20 mL，加到另一只 150 mL 小烧杯中。准备好秒表和搅拌棒，将第二只小烧杯中的溶液迅速倒入第一只小烧杯中。立刻计时并加以搅拌，记录溶液变蓝所需的时间，并填入表 3-2 中。

用同样的方法依次按表 3-2 中的实验编号进行实验。

表 3-2　浓度对反应速率的影响

实验编号	Na_2SO_3	H_2O	KIO_3	H_2SO_4	溶液变蓝所需的时间 t/s	反应速率（mol·L^{-1}·s^{-1}）$\left(100\times\frac{1}{t}\right)$	KIO_3/（mol·L^{-1}）（×1 000）
1	20 mL	50 mL	10 mL	20 mL			
2	20 mL	40 mL	20 mL	20 mL			
3	20 mL	30 mL	30 mL	20 mL			
4	20 mL	20 mL	40 mL	20 mL			
5	20 mL	10 mL	50 mL	20 mL			

根据上述实验数据，以 KIO_3 物质的量浓度为横坐标，反应速率$\frac{1}{t}$为纵坐标，绘出反应速率和 KIO_3 浓度变化之间的曲线。作图时为了方便起见，可将$\frac{1}{t}$乘以 100 倍，KIO_3 的浓度乘以 1 000 倍，这样得到的数字比较简单。横坐标以 2 cm 为单位，纵坐标以 1 cm 为单位。

2. 温度对反应速率的影响

在一只 150 mL 小烧杯中加入蒸馏水 50 mL，Na_2SO_3 溶液 20 mL，在另一只小烧杯中加入 KIO_3 溶液 10 mL 和 H_2SO_4 溶液 20 mL，将两只小烧杯分别放在水浴中加热至 35 ℃取出，将 KIO_3 溶液倒入 Na_2SO_3 溶液中，立刻计时，记录溶液变蓝时间。

水浴可用 400 mL 烧杯加水，用小火加热，控制温度高出要测定的温度 10 ℃左右，不宜太高。

用同样的方法测定 25 ℃、15 ℃时溶液变蓝所需时间，将所得结果填入表 3-3。

本实验如果在较热的环境下进行，可采用冰浴。

表 3-3　温度对反应速率的影响

实验编号	Na_2SO_3	H_2O	KIO_3	H_2SO_4	实验温度 T/℃	溶液变蓝所需时间 t/s
1	20 mL	50 mL	10 mL	20 mL		
2	20 mL	50 mL	10 mL	20 mL		
3	20 mL	50 mL	10 mL	20 mL		

根据实验的结果，得出关于温度对反应速率的影响的结论。

3. 催化剂对反应速率的影响

H_2O_2 溶液在常温分解能放出氧气，但分解速率很慢，如果加入催化剂（如二氧化锰、活性炭等），则反应速率立刻加快。

在试管中加入 3% H_2O_2 溶液 3 mL，观察是否有气泡产生。用药匙的小端加入少量的 MnO_2，观察气泡是否产生，试验证放出的气体是氧气。

4. 浓度对化学平衡的影响

取 0.01 mol·L^{-1} $FeCl_3$ 稀溶液和 0.03 mol·L^{-1} KCNS 稀溶液各 6 mL，

置于小烧杯内混合，生成 $Fe(CNS)_3$ 溶液呈深红色：

$$FeCl_3 + 3KCNS \rightleftharpoons Fe(CNS)_3 + 3KCl$$

将所得溶液平均分装在四支试管中。在三支试管中分别加入少量的饱和 $FeCl_3$ 溶液、饱和 KCNS 溶液和固体 KCl，充分振荡使混合均匀，注意观察颜色的变化，并与另外一支试管中的溶液进行比较。根据质量作用定律，解释各试管中溶液颜色变化的原因。

五、问题与讨论

1. 何为化学反应速率？影响化学反应速率的因素有哪些？本实验中如何探究浓度、温度、催化剂对化学反应速率的影响？

2. 何为化学平衡？化学平衡在什么情况下将发生移动？如何判断化学平衡移动的方向？本实验中如何探究浓度对化学平衡的影响？

实验十二　化学反应速率常数及反应活化能的测定

一、实验目的

1. 了解浓度、温度、催化剂对化学反应速率的影响。

2. 测定化学反应的反应速率、反应级数、反应速率常数和反应的活化能，练习实验数据的处理和作图方法。

二、实验原理

1. *化学反应速率方程及反应级数*

在水溶液中，过二硫酸钾与碘化钾发生如下反应：

$$K_2S_2O_8 + 3KI \longrightarrow 2K_2SO_4 + KI_3$$

即

$$S_2O_8^{2-} + 3I^- \longrightarrow 2SO_4^{2-} + I_3^- \tag{1}$$

其反应速率　　$v = kc^m(S_2O_8^{2-})c^n(I^-)$

式中的反应速率是在此条件下反应的瞬时速率，若 $c(S_2O_8^{2-})$、$c(I^-)$ 是起始浓度，则表示起始速率，k 是速率常数，m 与 n 之和是反应级数。

2. *化学反应速率常数的测定*

实验能测定的速率是在一段时间（Δt）内反应的平均速率 v。如果在 Δt 时间内，$S_2O_8^{2-}$ 浓度的改变为 $\Delta c(S_2O_8^{2-})$，则平均速率为

$$v = \frac{-\Delta[S_2O_8^{2-}]}{\Delta t}$$

近似地用平均速率代替起始速率：

$$v = kc^m(S_2O_8^{2-})c^n(I^-)$$

为了测出 Δt 时间内 $S_2O_8^{2-}$ 的浓度变化量，需要在混合 $K_2S_2O_8$ 溶液和 KI 溶液的同时，加入一定体积已知浓度的 $Na_2S_2O_3$ 溶液和淀粉溶液，这样在反应

(1)进行的同时还进行下面的反应：

$$2S_2O_3^{2-} + I_3^- \longrightarrow S_4O_6^{2-} + 3I^- \tag{2}$$

反应(2)进行得非常快，几乎瞬间完成，而反应(1)比反应(2)慢得多。因此，反应(1)只要生成 I_3^- 立即与 $S_2O_3^{2-}$ 反应，生成无色的 $S_4O_6^{2-}$ 和 I^-。所以在反应的开始阶段看不到碘与淀粉反应而显示的特有蓝色。体系中的 $Na_2S_2O_3$ 一旦耗尽，反应(1)继续生成的 I_3^- 就与淀粉反应而呈现特有的蓝色。

由于从反应开始到蓝色出现标志着 $S_2O_3^{2-}$ 全部耗尽，所以从反应开始到出现蓝色这段时间 Δt 里，$S_2O_3^{2-}$ 浓度的改变 $\Delta c(S_2O_3^{2-})$ 实际上就是 $Na_2S_2O_3$ 的起始浓度。

从化学方程式(1)和(2)可以看出，$S_2O_8^{2-}$ 浓度减少量为 $S_2O_3^{2-}$ 浓度减少量的一半，所以 $S_2O_8^{2-}$ 在 Δt 时间内的减少量可以通过下式求得：

$$\Delta c(S_2O_8^{2-}) = \frac{\Delta c(S_2O_3^{2-})}{2}$$

对反应速率方程

$$v = kc^m(S_2O_8^{2-})c^n(I^-)$$

两边取对数，得

$$\lg v = \lg k + m\lg c(S_2O_8^{2-}) + n\lg c(I^-)$$

同一温度下，固定 $c(I^-)$，改变 $c(S_2O_8^{2-})$ 求出一系列反应速率 v，以 $\lg v$ 对 $\lg c(S_2O_8^{2-})$ 作图，可得一直线，斜率即为 m。同理，固定 $c(S_2O_8^{2-})$，以 $\lg v$ 对 $\lg c(I^-)$ 作图，得一直线，斜率为 n。将 m，n 和任意一次实验的一组反应物的初始浓度值代入反应速率方程，就可以求得反应速率常数 k。

3. 化学反应活化能

根据阿伦尼乌斯公式

$$\lg k = \frac{-E_a}{2.303R} \times \frac{1}{T} + \lg A$$

其中，A 为常数，R 为气体常数，E_a 为化学反应活化能。

测定不同温度下的 k 值，可求得化学反应活化能 E_a。

三、实验用品

仪器或器具：量筒（10 mL），移液管或吸量管（5 mL，10 mL），温度计（1～100 ℃），烧杯（100 mL，50 mL），秒表，恒温水浴锅。

试剂：$K_2S_2O_8$ 溶液（0.10 mol・L^{-1}），KI 溶液（0.10 mol・L^{-1}），$Na_2S_2O_3$ 溶液（0.005 0 mol・L^{-1}），K_2SO_4 溶液（0.10 mol・L^{-1}），淀粉溶液（0.4%），$Cu(NO_3)_2$ 溶液（0.020 mol・L^{-1}），KNO_3 溶液（0.10 mol・L^{-1}），冰。

四、实验步骤

1. 浓度对化学反应速率的影响

在室温下进行表 3-4 中编号 1 的实验，用吸量管分别量取 0.10 mol・L^{-1} KI 溶液 10.00 mL，0.005 0 mol・L^{-1} $Na_2S_2O_3$ 溶液 4.00 mL 和 0.4%淀粉溶液 2.00 mL 置于 100 mL 烧杯中摇匀，然后用量筒量取 0.10 mol・L^{-1} $K_2S_2O_8$ 溶液 10.0 mL，迅速倒入上述混合液中，同时启动秒表，记录反应时间和室温。用同样的方法按照表 3-4 的用量进行编号 2、3、4、5 的实验，根据以上实验结果，计算反应级数和反应速率常数，将结果填入表 3-4 中。

表 3-4　浓度对化学反应速率的影响

<table>
<tr><td colspan="2">实验编号</td><td>1</td><td>2</td><td>3</td><td>4</td><td>5</td></tr>
<tr><td rowspan="6">试剂用量/mL</td><td>0.10 mol・L^{-1} $K_2S_2O_8$ 溶液</td><td>10.0</td><td>5.0</td><td>2.5</td><td>10.0</td><td>10.0</td></tr>
<tr><td>0.10 mol・L^{-1} KI 溶液</td><td>10.00</td><td>10.00</td><td>10.00</td><td>5.00</td><td>2.50</td></tr>
<tr><td>0.005 0 mol・L^{-1} $Na_2S_2O_3$ 溶液</td><td>4.00</td><td>4.00</td><td>4.00</td><td>4.00</td><td>4.00</td></tr>
<tr><td>0.4%淀粉溶液</td><td>2.00</td><td>2.00</td><td>2.00</td><td>2.00</td><td>2.00</td></tr>
<tr><td>0.10 mol・L^{-1} KNO_3 溶液</td><td>0</td><td>0</td><td>0</td><td>5.00</td><td>7.50</td></tr>
<tr><td>0.10 mol・L^{-1} K_2SO_4 溶液</td><td>0</td><td>5.00</td><td>7.50</td><td>0</td><td>0</td></tr>
<tr><td rowspan="3">26 mL 混合液中反应物的起始浓度/(mol・L^{-1})</td><td>$K_2S_2O_8$</td><td></td><td></td><td></td><td></td><td></td></tr>
<tr><td>KI</td><td></td><td></td><td></td><td></td><td></td></tr>
<tr><td>$Na_2S_2O_3$</td><td></td><td></td><td></td><td></td><td></td></tr>
</table>

(续表)

实验编号	1	2	3	4	5
反应时间 t/s					
反应速率 $v/(mol \cdot L^{-1} \cdot s^{-1})$					
$\lg v$					
$\lg[K_2S_2O_8]$					
$\lg[I^-]$					
m					
n					

2. 温度对化学反应速率的影响

按表 3-4 中实验编号 4 的试剂用量，将装有 KI、$Na_2S_2O_3$、KNO_3 和淀粉混合液的烧杯和装有 $K_2S_2O_8$ 溶液的小烧杯，放入冰水浴中冷却，待它们的温度冷却到低于室温 10.0 ℃时，将 $K_2S_2O_8$ 溶液迅速加到 KI 等混合溶液中，同时计时并不断搅拌，当溶液刚出现蓝色时，记录反应时间。

在高于室温 10.0 ℃的条件下，重复上述实验，记录反应时间。

根据上述两次实验的数据和室温下实验编号 4 的数据，可求出不同温度下的 k，进而计算出化学反应的活化能 E_a。将结果填入表 3-5 中。

表 3-5　温度对化学反应速率的影响

实验编号	4	6	7
反应温度 T/℃			
反应时间 t/s			
反应速率 $v/(mol \cdot L^{-1} \cdot s^{-1})$			
反应速率常数 k			
$\lg k$			
$1/T$			
活化能 E_a			

注：本实验活化能测定值的误差不超过 10%（文献值：51.8 $kJ \cdot mol^{-1}$）。

3. 催化剂对化学反应速率的影响

按表 3-4 中实验编号 4 的用量，把 KI、$Na_2S_2O_3$、KNO_3 和淀粉混合溶液加到 100 mL 烧杯中，再加入 2 滴 0.020 mol·L^{-1} $Cu(NO_3)_2$ 溶液，摇匀，然后迅速加入 $K_2S_2O_8$ 溶液，搅拌、计时。将此实验的反应速率与表 3-4 中实验编号 4 的反应速率进行比较，可得出什么结论？将结果填入表 3-6 中。

表 3-6　催化剂对化学反应速率的影响

实验编号	4	8
加入 0.020 mol·L^{-1} $Cu(NO_3)_2$ 溶液的滴数		
反应温度 T/℃		
反应时间 t/s		
反应速率 v/(mol·L^{-1}·s^{-1})		

五、问题与讨论

1. 下列操作情况对实验结果有何影响？

(1) 取用六种试剂的量筒没有分开专用。

(2) 先加 $K_2S_2O_8$ 溶液，最后加 KI 溶液。

2. 把 $K_2S_2O_8$ 溶液缓慢加入 KI 等的混合溶液中，对实验结果有何影响？若不用 $S_2O_8^{2-}$ 的浓度变化，而用 I^- 或 I_3^- 的浓度变化来表示化学反应速率，则反应速率常数 k 是否一样？

3. 为什么根据反应溶液出现蓝色的时间长短可以来计算反应速率？反应溶液出现蓝色时反应是否停止了？

4. 本实验中 $Na_2S_2O_3$ 的用量过多或过少，对实验结果有何影响？

实验十三　胶体的制备及性质

一、实验目的

1. 学会 $Fe(OH)_3$ 溶胶的制备。
2. 比较不同价态的电解质对溶胶的凝聚作用。
3. 观察蛋白质的盐析及脱水剂对它的作用。
4. 观察蛋白质的保护作用。

二、实验原理

1. $Fe(OH)_3$ 溶胶的制备原理

$Fe(OH)_3$ 溶胶由 $FeCl_3$ 水解而得

$$FeCl_3 + 3H_2O \xrightleftharpoons{\text{煮沸}} Fe(OH)_3 + 3HCl$$

难溶的 $Fe(OH)_3$ 与 HCl 反应又生成 $Fe(OH)_2Cl$，最后形成 FeOCl。

$$Fe(OH)_3 + HCl \rightleftharpoons Fe(OH)_2Cl + H_2O$$

$$\downarrow\uparrow$$

$$FeOCl + H_2O$$

FeOCl 为电解质，能进行电离：$FeOCl \longrightarrow FeO^+ + Cl^-$

$Fe(OH)_3$ 作为胶核，有选择性地吸附 FeO^+，形成稳定的胶体粒子：

$$\{[Fe(OH)_3]_m \cdot nFeO^+ \cdot (n-x)Cl^-\} \cdot xCl^-$$

2. 影响胶体稳定性的因素

胶粒带电是溶胶能够稳定存在相当长时间的一个重要原因。在溶胶中加入电解质，可引起胶粒双电层厚度减小，稳定性减弱而产生凝聚，最后沉淀析出。电解质中起主要作用的是与溶胶带相反电荷的离子，不同价态的离子对溶胶的凝聚作用不同，价数越高的离子作用越强。

蛋白质的主要稳定因素是水化膜的存在，少量电解质不能破坏水化膜，蛋白质不会发生沉淀。但大量电解质强烈的水合作用破坏了蛋白质的水化膜，使其失去了稳定作用，因此蛋白质发生沉淀，这种沉淀作用所需加入电解质的量比溶胶要多得多。

在蛋白质溶液中，加入与水亲和力强的脱水剂（如乙醇、甲醇、丙酮等），则与蛋白质争夺蛋白质粒子表面的水分子而破坏水化膜，使蛋白质失去稳定因素，容易发生沉淀。

高分子溶液对溶胶有保护作用。在溶胶中加入足量的高分子溶液时，高分子将溶胶粒子包裹起来，使溶胶粒子与电解质隔离开来，增加溶胶的稳定性，即使外界有电解质存在，溶胶也不发生沉淀，这就是保护作用。但是若加入的高分子溶液量不够，有时反而会加速溶胶粒子的沉降，发生敏化作用。

三、实验用品

仪器或器具：试管，烧杯（250 mL），量筒（100 mL），表面皿，玻璃棒，煤气灯，铁架台，铁圈，zeta 电位仪。

试剂：$FeCl_3$ 溶液（0.07 mol·L^{-1}），KCl 溶液（1.3 mol·L^{-1}），K_2SO_4 溶液（0.1 mol·L^{-1}），$K_3[Fe(CN)_6]$溶液（0.1 mol·L^{-1}），鸡蛋清溶液，95%乙醇。

四、实验内容

1. 氢氧化铁溶胶的制备

将 100 mL 去离子水加热至沸腾，然后逐滴加入 $FeCl_3$ 溶液 5 mL，即得深红色的氢氧化铁溶胶。

2. 电解质对胶体溶液的作用

(1) 取三支试管，分别加入 5 mL 自制的氢氧化铁溶胶，在第一支试管中加入 KCl 溶液 3 滴，在第二支试管中加入 K_2SO_4 溶液 3 滴，在第三支试管中加入 $K_3[Fe(CN)_6]$溶液 3 滴，观察三支试管有无沉淀及浑浊现象产生，记录现象。使用 zeta 电位仪分别测定三支试管中胶粒的粒径大小，并记录粒径数值。

本实验说明什么问题？

(2) 取一支试管，加入鸡蛋清溶液及 $K_3[Fe(CN)_6]$溶液各 1 mL，观察现象。

(3) 取一支试管，加入鸡蛋清溶液及饱和$(NH_4)_2SO_4$ 溶液各 1 mL。观察现象，比较(2)和(3)这两个实验的结果，得出结论。

3. 脱水剂对胶体溶液的作用

取两支试管，分别加入 2 mL $Fe(OH)_3$ 溶胶及 1 mL 鸡蛋清溶液，再在两支试管中各加入 1 mL 95%乙醇，摇匀。观察现象，并加以解释。

4. 高分子溶液的保护作用

取两支试管，分别加入 2 mL $Fe(OH)_3$ 溶胶。其中一支试管中加入 2 mL 鸡蛋清溶液，摇匀，另一支试管不加，然后在两支试管中各加入 $K_3[Fe(CN)_6]$溶液 3 滴，观察现象并加以解释。使用 zeta 电位仪测定两支试管中胶粒的粒径大小，记录粒径数值，并加以解释。

五、问题与讨论

1. 把三氯化铁溶液加到冷水中，是否能得到氢氧化铁溶胶？为什么？
2. 从自然界的现象和日常生活中举出两个胶体聚沉的例子。

实验十四　银氨配离子配位数的测定

一、实验目的

1. 掌握和应用配位平衡及沉淀平衡原理。
2. 了解沉淀法测定银氨配离子$[Ag(NH_3)_n]^+$配位数的方法。

二、实验原理

在$AgNO_3$水溶液中加入过量的氨水，即生成稳定的$[Ag(NH_3)_n]^+$，再加入KBr溶液，直到刚刚开始有AgBr沉淀（浑浊）出现为止，这时体系中同时存在着配位平衡和沉淀平衡：

$$Ag^+ + nNH_3 \rightleftharpoons [Ag(NH_3)_n]^+$$

$$\frac{[Ag(NH_3)_n]^+}{[Ag^+][NH_3]^n} = K_s \tag{1}$$

$$Ag^+ + Br^- \rightleftharpoons AgBr$$

$$[Ag^+][Br^-] = K_{sp} \tag{2}$$

体系中的$[Ag^+]$必须同时满足这两个平衡，故式(1)×式(2)得

$$\frac{[Ag(NH_3)_n]^+[Br^-]}{[NH_3]^n} = K_{sp}K_s \tag{3}$$

$$[Br^-] = \frac{K[NH_3]^n}{[Ag(NH_3)_n]^+} \tag{4}$$

式(4)中，$K=K_{sp}K_s$，$[Br^-]$、$[NH_3]$和$[Ag(NH_3)_n]^+$均为平衡时的浓度，可近似计算如下：设每份混合溶液最初取用的$AgNO_3$溶液的体积为V_{Ag^+}（各份相同），起始浓度为$[Ag^+]_0$，每份加入的氨水（大量过量）和KBr溶液的体积分别为V_{NH_3}和V_{Br^-}，其起始浓度为$[NH_3]_0$和$[Br^-]_0$，混合溶液总体积为$V_{总}$，则溶液混合后并达到平衡时，

$$[Br^-]=[Br^-]_0\times\frac{V_{Br^-}}{V_{总}} \tag{5}$$

$$[Ag(NH_3)_n]^+=[Ag^+]_0\times\frac{V_{Ag^+}}{V_{总}} \tag{6}$$

$$[NH_3]=[NH_3]_0\times\frac{V_{NH_3}}{V_{总}} \tag{7}$$

将式(5)、式(6)、式(7)代入式(4)并整理后得

$$V_{Br^-}=\frac{V_{NH_3}^n\times K\times[NH_3]_0^n}{V_{总}^{n-2}\times[Br^-]_0[Ag^+]_0\times V_{Ag^+}} \tag{8}$$

因式(8)等号右边除 $V_{NH_3}^n$ 外,其他皆为常数(保证总体积 $V_{总}$ 不变),故式(8)可写为

$$V_{Br^-}=V_{NH_3}^n\times K' \tag{9}$$

两边取对数得直线方程

$$\lg V_{Br^-}=n\lg V_{NH_3}+\lg K' \tag{10}$$

以 $\lg V_{NH_3}$ 为横坐标,$\lg V_{Br^-}$ 为纵坐标作图,求出直线斜率 n,即得 $[Ag(NH_3)_n]^+$ 的配位数。

三、实验用品

仪器或器具:微量加样器(50～250 μL),刻度吸量管(5 mL,2 支),刻度吸量管(1 mL,1 支),试管 5 支。

试剂:$AgNO_3$ 溶液(0.01 mol·L^{-1}),氨水(2.0 mol·L^{-1}),KBr 溶液(0.01 mol·L^{-1}),蒸馏水。

四、实验内容

(1) 用 1 mL 刻度吸量管分别向已编号的 5 支洁净试管中加入 1.00 mL 0.01 mol·L^{-1} $AgNO_3$ 溶液。

(2) 用一支 5 mL 刻度吸量管,按表 3-7 中各编号所示的体积分别在对应的

试管中加入 2.0 mol·L^{-1} 氨水。

(3) 用另一支 5 mL 刻度吸量管按同样的方法向 5 支试管中加入蒸馏水。

(4) 把微量加样器的体积调节至 50 μL，按编号逐一向 5 支试管中加入 0.01 mol·L^{-1} KBr 溶液，并不断振荡。每次加入 50 μL，记录产生的浑浊刚刚不消失时加入的体积，接近终点时，可用加样器补加适量蒸馏水，以保持最终体积与 1 号试管一致。

将数据记录和处理结果填入表 3-7。

表 3-7　数据记录与结果处理

实验编号	加入体积/mL					$\lg V_{NH_3}$	$\lg V_{Br^-}$
	Ag^+	NH_3	H_2O	Br^-	总计		
1	1.00	2.00	0.50				
2	1.00	1.80	0.70$^+$				
3	1.00	1.50	1.00$^+$				
4	1.00	1.20	1.30$^+$				
5	1.00	1.00	1.50$^+$				

以 $\lg V_{Br^-}$ 为纵坐标，$\lg V_{NH_3}$ 为横坐标作图，求直线斜率 n，从而求出 $[Ag(NH_3)_n]^+$ 的配位数 n（取最接近的数值）。$\lg K'$ 为截距，有兴趣的同学可以此近似求出 K_s 的值。

五、问题与讨论

1. 在计算平衡浓度 $[Br^-]$、$[Ag(NH_3)_n]^+$ 和 $[NH_3]$ 时，为什么不考虑进入 AgBr 沉淀和配离子离解出来的 Ag^+，以及产生配离子时被结合的 NH_3 等的浓度？

2. 在其他条件完全相同的情况下，可否用相同浓度的 KCl 和 KI 溶液进行本实验？

实验十五　化学反应热效应的测定

一、实验目的

通过实验测定硫酸铜溶液和锌的反应热。

二、实验原理

在化学反应过程中，体系吸收的热量或从体系中放出的热量称为反应热。锌是一种活泼金属，它在金属活泼顺序表中处于铜的前面，所以它可以从铜盐的溶液中将铜置换出来，反应如下：

$$Zn + CuSO_4 \longequal ZnSO_4 + Cu$$

$$\Delta H(298\ K) = -52.2\ kcal \cdot mol^{-1}$$

这个反应是放热反应，每摩尔锌置换铜离子时所放出的热量即为此反应的反应热。它的测定可以通过溶液的比热和反应过程中对溶液温升的测定进行计算。计算公式如下：

$$-\Delta H = \Delta T \times C \times V \times \frac{1}{M} \times \frac{1}{1\ 000}$$

式中　ΔH——反应热，$kcal \cdot mol^{-1}$；

ΔT——溶液的温升，K；

C——溶液的比热，$kcal \cdot kg^{-1} \cdot K$；

V——$CuSO_4$ 溶液的体积，L；

M——$CuSO_4$ 的摩尔数(V 体积中)，mol。

本实验通过锌粉和硫酸铜溶液的反应来测定反应热。

三、实验用品

仪器或器具：温度计(－5～50 ℃，$\frac{1}{10}$刻度)，搅拌器，台秤，电子天平，容量瓶

(250 mL)，杜瓦瓶或塑料烧杯(200 mL)，移液管(100 mL)，聚苯乙烯泡沫塑料。

试剂：$CuSO_4$(S)，锌粉。

四、实验内容

1. 实验步骤

(1) 在 250 mL 容量瓶中配制 0.2 mol·L^{-1} $CuSO_4$ 溶液。

(2) 用台秤称取 2 g 锌粉。

(3) 用 100 mL 移液管准确量取 0.2 mol·L^{-1} $CuSO_4$ 溶液放入杜瓦瓶或 200 mL 塑料烧杯中，同时放入搅拌器。

(4) 搅拌溶液，每隔 15 s 记录一次温度。

(5) 在测定开始 2 min 后迅速添加 2 g 锌粉(注意仍需不断搅拌溶液)，并继续每隔 15 s 记录一次温度。温度上升到最高点后再继续测定 2 min。

2. 数据记录与处理

(1) 以 T(温度)~t(时间)作图，求得反应溶液的温升 ΔT。

(2) 以下式计算反应热：

$$-\Delta H = \Delta T \times 1 \times 100 \times \frac{1}{0.02} \times \frac{1}{1\,000}$$

溶液的比热按 1 计算，反应器的热容量不计。

五、问题与讨论

1. 如何在容量瓶中配制 0.2 mol·L^{-1} $CuSO_4$ 溶液？
2. 实验中所用锌粉为何只需用台秤称取？
3. 如何根据实验结果计算反应的热效应？

实验十六 凝固点降低法测定葡萄糖的摩尔质量

一、实验目的

1. 了解凝固点降低法测定物质摩尔质量的原理及方法,加深对稀溶液依数性的认识。

2. 进一步练习使用移液管,学习电子天平的称量方法。

二、实验原理

凝固点是溶液(或液态溶剂)与其固体溶剂具有相同的蒸汽压而能平衡共存时的温度。当在溶剂中加入难挥发的非电解质溶质时,由于溶液的蒸汽压小于同温度下纯溶剂的蒸汽压,因此溶液的凝固点必低于纯溶剂的凝固点。根据拉乌尔定律可推出,稀溶液的凝固点降低值 ΔT_f 近似地与溶液的质量摩尔浓度 b_B 成正比,而与溶质本身的性质无关:

$$\Delta T_f = K_f \times b_B \tag{1}$$

其中,K_f 为凝固点降低常数。若有 g 克溶质溶解在 G 克溶剂中,且溶质的摩尔质量为 M,则式(1)可转化为

$$M = 1\ 000 \times K_f \times \frac{g}{\Delta T_f \times G} \tag{2}$$

因此,在已知 K_f、G、g 的前提下,只要测出稀溶液的凝固点降低值 ΔT_f,即可按式(2)求出溶质的摩尔质量。

为测定 ΔT_f,应通过实验分别测出纯溶剂和溶液的凝固点。凝固点的测定采用过冷法。

三、实验用品

仪器或器具:温度计$\left(\frac{1}{10}\text{刻度}\right)$,测定管(大试管)、烧杯(600 mL,高型),搅拌

棒，橡皮塞，电子天平，放大镜，铁架台，移液管(25 mL)。

试剂：葡萄糖，粗盐，冰。

四、实验内容

1. 葡萄糖溶液凝固点的测定

在电子天平上精确称取葡萄糖 2.2～2.3 g(读至小数点后三位)。将称好的葡萄糖小心地倒入干燥洁净的测定管中，然后用 25 mL 移液管准确吸取 25 mL 蒸馏水沿管壁加入，轻轻振荡(注意切勿溅出)。待葡萄糖完全溶解后，装上塞子(包括温度计与细搅拌棒)，将测定管直接插入冰盐水中。

用粗搅拌棒搅动冰盐水，同时用细搅拌棒搅动溶液，但注意不要碰及管壁及温度计，以免摩擦生热影响实验结果。当溶液逐渐降温至过冷析出结晶时，温度又逐渐回升到的最高点温度可作为溶液的凝固点(通过放大镜准确读数)。

凝固点的测定须重复两次。两次测定结果的差值要求在±0.04 ℃以内。溶液的凝固点取两次结果的平均值。

2. 纯溶剂(水)凝固点的测定

弃去测定管中溶液，先用自来水洗净测定管，再用少量蒸馏水洗涤测定管，然后加入约 25 mL 蒸馏水，按上法测定水的凝固点(取两次测定结果的平均值)。

3. 数据记录及结果处理

由实验结果(表 3-8)按式(2)求出葡萄糖的摩尔质量。

表 3-8　数据记录与结果处理

测定次数	凝固点/K		溶质质量/g	溶剂质量/g	凝固点降低值 ΔT_f/K
	蒸馏水	葡萄糖溶液			
1					
2					

五、问题与讨论

1. 测定溶液的凝固点时，为什么测定管一定要干燥？

2. 测定凝固点时,纯溶剂温度下降后能有一个温度相对恒定阶段,而溶液没有,为什么?

3. 本实验方法中,为什么要测纯水的凝固点?

4. 如果待测葡萄糖中夹杂一些不溶性杂质,对测得的摩尔质量有何影响?

实验十七　缓冲溶液的配制与性质

一、实验目的

1. 学习配制缓冲溶液的一般方法。
2. 加深对缓冲溶液性质的理解。
3. 了解缓冲容量与缓冲溶液总浓度和缓冲比的关系。

二、实验原理

缓冲溶液的特点：当加入少量的强酸、强碱或适当稀释时，其 pH 不发生明显的改变。它一般由弱酸(A)和它的共轭碱(B)两大组分混合而成。缓冲溶液的近似 pH 可利用 Henderson-Hasselbalch 方程计算：

$$pH = pK_a^\ominus + \lg\frac{[B]}{[A]} \tag{1}$$

式中，$K_a^\ominus$ 为弱酸的解离常数，[A]和[B]分别为共轭酸碱的平衡浓度。

若配制缓冲溶液所用的弱酸和它的共轭碱的原始浓度相同，则配制时所取弱酸和它的共轭碱的体积(V)的比值等于它们平衡浓度的比值，所以式(1)可以写成：

$$pH = pK_a^\ominus + \lg\frac{V_B}{V_A} \tag{2}$$

由式(2)可知，若改变二者的体积之比，可得到一系列 pH 不同的缓冲溶液。

需要指出的是，由上述两式算得的 pH 是近似的。精确的计算应该用活度。实际应用的准确 pH 缓冲溶液是根据有关参考书上的配制方法配制的，其 pH 是由精确的实验方法确定的(如美国国家标准与技术研究院制定的配制方法)。

缓冲容量是衡量缓冲溶液缓冲能力大小的尺度，它的大小与缓冲溶液的总浓度和缓冲比有关。缓冲比不变时，总浓度越大，缓冲容量越大；总浓度不变时，缓冲比越接近 1∶1，缓冲容量越大。

三、实验用品

仪器或器具：酸度计，吸量管（5 mL），量筒（10 mL），烧杯（50 mL），大试管，容量瓶（50 mL）。

试剂：广泛 pH 试纸，甲基红指示剂，HAc 溶液（0.1 mol·L^{-1}，1 mol·L^{-1}），NaAc 溶液（0.1 mol·L^{-1}，1 mol·L^{-1}），$NaHCO_3$ 溶液（0.05 mol·L^{-1}），Na_2CO_3 溶液（0.05 mol·L^{-1}），盐酸（0.1 mol·L^{-1}），NaOH 溶液（0.1 mol·L^{-1}），盐酸（pH＝4），NaOH 溶液（pH＝10）。

四、实验内容

1. 缓冲溶液的配制

按表 3-9 的组成，计算配制 pH 为 4 的缓冲溶液甲 30.0 mL 所需各组分的体积。参考教科书，确定配制 pH 精确至 10.00 的缓冲溶液乙所需各组分的体积，填写表 3-9。

表 3-9　缓冲溶液的配制

缓冲溶液	pH	组分	所需组分体积/mL	实测 pH
甲 30 mL	4.0	0.1 mol·L^{-1} HAc 溶液		
		0.1 mol·L^{-1} NaAc 溶液		
乙 50 mL	10.0	0.05 mol·L^{-1} Na_2CO_3 溶液		
		0.05 mol·L^{-1} $NaHCO_3$ 溶液		

根据表 3-9 中用量，用量筒量取所需体积的 HAc 溶液和 NaAc 溶液于小烧杯中，配制甲缓冲溶液，然后用 pH 试纸测其 pH，填入表中。配制乙缓冲溶液时，用吸量管吸取所需体积的 0.05 mol·L^{-1} Na_2CO_3 溶液于 50 mL 的容量瓶中，然后用 0.05 mol·L^{-1} $NaHCO_3$ 溶液稀释至刻度，摇匀。用酸度计准确测其 pH，填入表中。比较甲、乙缓冲溶液 pH 的实测值与给出值是否相符。保留上述两种缓冲溶液，待下面实验使用。

2. 缓冲溶液的性质

取 12 支大试管，3 个一组分 4 组并编号。第一组用量筒各加 pH＝4 的盐酸

5.0 mL;第二组各加缓冲溶液甲 5.0 mL;第三组各加 pH＝10 的 NaOH 溶液 5.0 mL;第四组各加缓冲溶液乙 5.0 mL。再按表 3-10 中的用量,在各组 3 支试管中,分别加入强酸、强碱和蒸馏水,用广泛 pH 试纸测各试管中溶液的 pH,记录结果(表 3-10),并解释 pH 不同的原因。

表 3-10　溶液的 pH

所加溶液	pH		
	0.1 mol·L^{-1} 盐酸 4 滴	0.1 mol·L^{-1} NaOH 溶液 4 滴	蒸馏水 4 滴
pH＝4 的盐酸			
缓冲溶液甲			
pH＝10 的 NaOH 溶液			
缓冲溶液乙			

3. 缓冲容量

(1) 缓冲容量与缓冲溶液总浓度的关系

取两支大试管,在一支大试管中加入 0.1 mol·L^{-1} HAc 溶液和 0.1 mol·L^{-1} NaAc 溶液各 2.5 mL;另一支试管加入 1 mol·L^{-1} HAc 溶液和 1 mol·L^{-1} NaAc 溶液各 2.5 mL,混匀。这时两支试管内溶液的 pH 是否相同?向两支试管中各加入 2 滴甲基红指示剂,溶液呈何种颜色?然后分别逐滴加入 1 mol·L^{-1} NaOH 溶液(每加一滴均需摇匀),直至溶液恰好变为黄色。记录各试管所加 NaOH 溶液的滴数(表 3-11),并解释所得结果。

表 3-11　缓冲容量与缓冲溶液总浓度的关系

缓冲溶液	加指示剂后溶液颜色	溶液恰好变为黄色需加 NaOH 溶液的滴数
0.1 mol·L^{-1} HAc 溶液＋0.1 mol·L^{-1} NaAc 溶液		
1 mol·L^{-1} HAc 溶液＋1 mol·L^{-1} NaAc 溶液		

(2) 缓冲容量与缓冲组分比值的关系

取两只小烧杯,按表 3-12 中的量,分别用量筒量取所需的 0.05 mol·L^{-1} $NaHCO_3$ 溶液和 0.05 mol·L^{-1} Na_2CO_3 溶液,配制不同缓冲比的缓冲溶液。用酸度计测其 pH,然后分别用吸量管吸取 0.1 mol·L^{-1} NaOH 溶液 2.00 mL,加入两个烧杯中,再测其 pH,将结果记录于表 3-12 中,解释所得结果。

表 3-12　缓冲容量与缓冲组分比值的关系

编号	缓冲溶液组成	体积/mL	[B]/[A]	pH	加碱后 pH	ΔpH
1	0.05 mol·L^{-1} $NaHCO_3$ 溶液	15.0				
	0.05 mol·L^{-1} Na_2CO_3 溶液	15.0				
2	0.05 mol·L^{-1} $NaHCO_3$ 溶液	15.0				
	0.05 mol·L^{-1} Na_2CO_3 溶液	3.0				

五、问题与讨论

1. 用 Henderson-Hasselbalch 方程计算的 pH 为何是近似的?应如何校正?

2. 若把本实验缓冲容量与缓冲组分比值的关系部分实验编号 2 的组分比从 5∶1 改为 1∶5,则加入同样量的 NaOH 溶液后,ΔpH 是否相同?

实验十八　自来水中氯离子含量的测定

一、实验目的

1. 掌握沉淀法测定水中微量氯离子含量的方法。
2. 学习沉淀滴定的基本操作和沉淀滴定指示剂的指示原理。
3. 掌握硝酸银标准溶液的配制和标定方法。
4. 学会沉淀滴定过程中的系统误差分析。

二、实验原理

自来水中氯离子的定量测定，最常用的方法是莫尔法（又称银量法）。该法应用比较广泛，生活用水、工业用水、环境水质监测以及一些药品、食品中氯的测定都使用莫尔法。该法适用于不含季铵盐的循环冷却水和天然水中氯离子的测定，其测量值小于 100 $mg \cdot L^{-1}$。

莫尔法：在中性或碱性介质中（pH＝6.3～10.5），以 K_2CrO_4 为指示剂，用 $AgNO_3$ 标准溶液直接滴定 Cl^-，由于滴定过程中离子浓度先满足 AgCl 的溶度积条件，所以 AgCl 先沉淀出来。当 AgCl 几乎沉淀完全后，微量的 Ag^+ 与 CrO_4^{2-} 生成砖红色 Ag_2CrO_4 沉淀，指示滴定终点。

$$Ag^+ + Cl^- \longrightarrow AgCl\downarrow（白色）$$
$$2Ag^+ + CrO_4^{2-} \longrightarrow Ag_2CrO_4\downarrow（砖红色）$$

硝酸银，白色固体，见光受热易分解，具有较强的腐蚀性，配制的溶液要保存在棕色试剂瓶中。

三、实验用品

仪器或器具：电子天平（0.1 mg），酸式滴定管（棕色，20 mL），移液管（20 mL），锥形瓶（150 mL），容量瓶（250 mL），吸量管（1 mL，5 mL，10 mL）。

试剂：K_2CrO_4 溶液（0.5%），$AgNO_3$ 溶液（0.005 $mol \cdot L^{-1}$），NaCl（s，基准

试剂),氨性缓冲溶液(pH=9.25)。

四、实验内容

1. $AgNO_3$ 标准溶液(0.005 mol·L^{-1})的配制与标定

称取 0.085 g 硝酸银溶解于 100 mL 不含 Cl^- 的蒸馏水中,摇匀后储存于带玻璃塞的棕色试剂瓶中,$AgNO_3$ 溶液的浓度约为 0.005 mol·L^{-1},待标定。

准确称取 0.07~0.08 g NaCl 基准试剂于小烧杯中,用蒸馏水溶解后,定量转移至 250 mL 容量瓶中,稀释至刻度,摇匀。用移液管移取此溶液 20.00 mL 置于 150 mL 锥形瓶中,加入 1~2 滴 K_2CrO_4 溶液(0.5%)作为指示剂,加 10 mL 氨性缓冲溶液,在充分摇动下,用 $AgNO_3$ 溶液进行滴定,至溶液呈现砖红色即为终点,平行测定三次,计算 $AgNO_3$ 溶液的准确浓度。

2. 自来水中氯离子含量的测定

准确称取 10.00 mL 水样于 150 mL 锥形瓶中,加入 1~2 滴 K_2CrO_4 溶液(0.5%)作为指示剂,加 10 mL 氨性缓冲溶液,用已经标定好的 $AgNO_3$ 标准溶液滴定至溶液由黄色浑浊变为砖红色浑浊,即为终点,平行测定三次,计算自来水中氯离子含量。

五、问题与讨论

1. 指示剂用量过多或过少,对测定结果有何影响?

2. 氯离子含量测定为什么不能在酸性介质中进行? pH 过高对结果有何影响?

3. 能否用标准氯化钠溶液直接滴定 Ag^+? 如果可以,应该如何操作?

4. 测定有机物中的氯含量应如何进行?

实验十九　金属的本性、浓度对氧化还原反应速率的影响(铅树)

一、实验目的

1. 了解氧化剂的浓度对氧化还原反应速率的影响。
2. 了解金属还原性的大小对氧化还原反应速率的影响。
3. 了解氧化还原平衡的移动。

二、实验原理

金属原子易失去其价电子而形成带正电荷的离子,各种金属失去电子的能力是不同的,金属愈活泼,愈易失去电子,则它的标准电极电位代数值愈小,还原性愈强;相反,它的离子得到电子的能力则愈弱,氧化性愈弱。标准电极电位代数值较小的金属可以将标准电极电位代数值较大的金属从它的盐溶液中置换出来,例如:

$$Zn^{2+} + 2e^- \rightleftharpoons Zn \quad \varphi^{\ominus}_{Zn^{2+}/Zn} = -0.76\ V$$

$$Pb^{2+} + 2e^- \rightleftharpoons Pb \quad \varphi^{\ominus}_{Pb^{2+}/Pb} = -0.13\ V$$

如果将金属锌放入硝酸铅溶液中,则电子就从锌转移给铅离子而发生下列反应:

$$Zn + Pb^{2+} \rightleftharpoons Zn^{2+} + Pb$$

上述置换反应的速率取决于下列两个因素。

(1) Pb^{2+} 的离子浓度

根据质量作用定律,增加反应物浓度可以加快正反应速率,因此 Pb^{2+} 的离子浓度愈大,则反应速率愈快。

(2) 金属的本性——活泼性

如果其他条件相同,则金属愈活泼,反应速率愈快。金属活泼性的大小通常可用标准电极电位来衡量。

必须指出，反应速率的快慢与反应进行的完全程度是两个不同的概念。在氧化还原反应中，氧化剂电位与还原剂电位差值的大小只表示反应进行的完全程度，而与反应速率并不完全一致。

如果某金属的标准电极电位代数值比铅大，则不能将铅置换出来。例如：

$$Cu^{2+}+2e^- \rightleftharpoons Cu \quad \varphi^{\ominus}_{Cu^{2+}/Cu}=+0.34\ V$$

$$Pb^{2+}+2e^- \rightleftharpoons Pb \quad \varphi^{\ominus}_{Pb^{2+}/Pb}=-0.13\ V$$

$$Cu+Pb^{2+} \rightleftharpoons Cu^{2+}+Pb$$

根据电极电位大小可知，在一般情况下，反应是趋向于左方，金属铜不能置换出铅，但是根据吕查德里定律，如果设法把溶液中 Cu^{2+} 浓度降低到一定的程度，平衡也可能向右进行。减少溶液中 Cu^{2+} 的方法可以是加入 S^{2-}，使 Cu^{2+} 与 S^{2-} 结合生成 CuS 沉淀。

由于 $K_{sp,CuS}=8.5\times10^{-45}$，若$[S^{2-}]=0.1\ mol\cdot L^{-1}$，即可使 Cu^{2+} 减少到 $8.5\times10^{-44}\ mol\cdot L^{-1}$，在这种条件下，铜片上也会有铅晶体析出。

为了使置换出的铅晶体规则地生长，以便区别氧化还原反应速率的快慢，可在溶液中加入一定浓度的水玻璃(硅酸钠)，经酸化后即生成胶体硅酸，胶体硅酸再形成硅酸凝胶。铅晶体靠硅胶的支撑便像树一样有规则地逐渐生长出来。这种铅晶体称为“铅树”。

三、实验用品

仪器或器具：大试管(直径 2.5 cm)，烧杯(250 mL，150 mL)。

试剂：镁条，锌片，铁片，铜片，粗铜丝，$Pb(NO_3)_2$ 溶液(0.01 $mol\cdot L^{-1}$，0.1 $mol\cdot L^{-1}$，1 $mol\cdot L^{-1}$)，HAc 溶液(1 $mol\cdot L^{-1}$)，水玻璃($d=1.06\ g\cdot mL^{-1}$)，Na_2S 溶液(0.1 $mol\cdot L^{-1}$)。

四、实验内容

1. 醋酸铅胶体的制备

(1) 将 $Pb(NO_3)_2$ 溶液(浓度分别为 0.01 $mol\cdot L^{-1}$，0.1 $mol\cdot L^{-1}$，1 $mol\cdot L^{-1}$)，醋酸溶液(1 $mol\cdot L^{-1}$)，硅酸钠溶液($d=1.06$)以下列体积比

混合：

$$Pb(NO_3)_2 : HAc : Na_2SiO_3 = 1 : 10 : 10$$

(2) 混合步骤：先将 $Pb(NO_3)_2$ 溶液和醋酸溶液混合搅匀，缓慢加入硅酸钠溶液振荡，搅匀。

(3) 用蓝色石蕊试纸检查混合物为酸性后，在 90 ℃的水浴中加热至胶化后，备用(注意：水浴温度不宜超过 90 ℃，否则成胶后容易产生气泡造成空隙)。

2. 氧化剂浓度对铅树生长速度的影响

(1) 在三支大试管中，分别装入 1 mL 浓度各为 0.01 mol・L^{-1}、0.1 mol・L^{-1} 及 1 mol・L^{-1} 的 $Pb(NO_3)_2$ 溶液，以制备醋酸铅胶体(具体步骤见上文)。

(2) 成胶后，在三支试管中分别插入相同表面积的锌片。

(3) 观察三支试管中铅树的生长速度有什么不同，解释现象。

3. 金属活泼性的大小对铅树的生成和生长速度的影响

(1) 在 150 mL 烧杯中加入 1 mL 1 mol・L^{-1} 的 $Pb(NO_3)_2$ 溶液以制备醋酸铅胶体。

(2) 成胶后将胶体分成四块，分别插入表面积相等的镁条、锌片、铁片、铜片。

(3) 观察现象并解释。

4. 氧化还原平衡的移动

(1) 取一支大试管，加入由 1 mol・L^{-1} 的 $Pb(NO_3)_2$ 溶液配制的醋酸铅胶体(约占试管体积的 1/3)。

(2) 成胶后插入粗铜丝(先用砂纸擦去表面氧化膜)，加入等体积无铅盐的硅胶(由等体积的 HAc 溶液与 Na_2SiO_3 溶液制取并在 90 ℃热水浴内成胶)，使插入的铜丝穿过胶层并露出液面。

(3) 加入数滴 0.1 mol・L^{-1} Na_2S 溶液。

(4) 半小时后观察现象并解释。

五、问题与讨论

1. 怎样从标准电极电位判断金属的置换反应是否可以进行？
2. 置换反应的反应速率和哪些因素有关？
3. 根据平衡移动原理，是否可以用金属锌将铅从铅盐溶液中置换出来？

实验二十　过氧化氢分解速率常数和活化能的测定

一、实验目的

1. 用化学方法测定过氧化氢的分解速率。
2. 用图解法求出过氧化氢分解反应的速率常数和活化能。
3. 复习高锰酸钾法氧化还原滴定的操作。

二、实验原理

过氧化氢的催化分解反应，在催化剂浓度基本不变的情况下，可视为一级反应。因此，H_2O_2 的浓度随时间变化的关系式为

$$\ln c_t = -kt + \ln c_0$$

其中，c_t 为 H_2O_2 在时间 t 时的浓度，c_0 为 H_2O_2 起始浓度，k 为反应速率常数。以 $\ln c_t$ 对 t 作图，可得一直线，直线的斜率为$-k$。

本实验用化学方法测定在时间 t 时，反应混合物中 H_2O_2 的剩余浓度，即每隔一定时间从反应混合物中吸取一定数量的样品，加入阻化剂 H_2SO_4，使分解反应迅速停止，用高锰酸钾溶液氧化还原滴定，测定此时的 H_2O_2 浓度，反应方程式为

$$2MnO_4^- + 5H_2O_2 + 6H^+ \longrightarrow 2Mn^{2+} + 8H_2O + 5O_2\uparrow$$

另外，根据阿伦尼乌斯公式，反应速率常数 k 与反应的温度 T 有如下关系：

$$\ln k = -\frac{E_a}{RT} + B$$

其中，E_a 为反应活化能，R 为气体摩尔常数，B 为常数。

若在不同的温度下进行实验，则可测得不同的 k 值。以 $\ln k$ 对$\frac{1}{T}$作图，可得一直线，从直线的斜率可求得反应的活化能 E_a。

三、实验用品

仪器或器具：恒温水浴，酸式滴定管，锥形瓶（250 mL，7 只），移液管（25 mL，10 mL），量筒，秒表。

试剂：H_2O_2 溶液（0.2 mol・L^{-1}），$KMnO_4$ 溶液（0.004 mol・L^{-1}），$MnSO_4$ 溶液（0.05 mol・L^{-1}），$NH_4Fe(SO_4)_2$ 溶液（0.5 mol・L^{-1}），H_2SO_4 溶液（3 mol・L^{-1}）。

四、实验内容

（一）室温下反应速率常数 k 的测定

1. 反应物的配制

在 250 mL 锥形瓶中，加入 25.00 mL 0.2 mol・L^{-1} 的 H_2O_2 水溶液，用新鲜蒸馏水稀释到 200 mL，在恒温水浴中恒温 10 min。

2. H_2O_2 分解反应的进行

将 50 mL 0.5 mol・L^{-1} 的 $NH_4Fe(SO_4)_2$ 溶液加入上述已恒温的 H_2O_2 溶液中，H_2O_2 即刻开始分解，立即计时，并记下恒温水浴的温度[若温度超过 10 ℃，催化剂 $NH_4Fe(SO_4)_2$ 的加入量可适当减少]。

3. 反应物浓度的测定

在 6 只 250 mL 锥形瓶中各加 15 mL 3 mol・L^{-1} 的 H_2SO_4 溶液和 1 mL 0.05 mol・L^{-1} 的 $MnSO_4$ 溶液。过氧化氢的分解反应每进行 15 min，即从反应混合物中用移液管移取 10.00 mL 溶液到上述其中 1 只锥形瓶的酸溶液中（反应时间的计算，应以反应混合物注入酸溶液的时间为终止时间），充分混合均匀，用 0.004 mol・L^{-1} 的 $KMnO_4$ 溶液滴定至粉红色，半分钟不褪色即为反应终点。记录每次测定消耗的 $KMnO_4$ 溶液的体积，测定六次。

（二）非室温下反应速率常数的测定

改变实验温度，即调节恒温水浴温度比室温分别高出 10 ℃和 15 ℃，恒温 10 min 后重复上述实验步骤，可再得到两组数据。

实验数据记录于表 3-13 中。

表 3-13　非室温下反应速率常数的测定

温度：________℃

时间/min							
滴定消耗的 $KMnO_4$ 溶液的体积/mL	初读数						
	终读数						
	用量						
$\ln V_{KMnO_4}$							

（三）速率常数 k 和活化能 E_a 的计算

1. 求速率常数 k

由 H_2O_2 和 $KMnO_4$ 反应的化学方程式可知：

$$c_{H_2O_2}=\frac{5}{2}c_{KMnO_4}\times\frac{V_{KMnO_4}}{V_{H_2O_2}}$$

由于每次所用的 H_2O_2 的体积均为 10.00 mL，c_{KMnO_4} 也为定值，故 $\ln c_t$ 对 t 作图，可变换为 $\ln V_{KMnO_4}$ 对 t 作图。以 $\ln V_{KMnO_4}$ 为纵坐标，t 为横坐标作图，从直线的斜率求得 k。

2. 求活化能 E_a

根据 $\ln k=-\frac{E_a}{RT}+B$，以 $\ln k$ 为纵坐标，以 $\frac{1}{T}$ 为横坐标作图，从直线斜率求算出 E_a。

五、问题与讨论

1. 为什么反应时间的计算是以反应混合物注入酸溶液的时间为其终止时间？
2. 反应过程中温度不恒定，对实验结果有无影响？
3. H_2O_2 和 $KMnO_4$ 的起始浓度要不要标定？为什么？
4. 下列情况下，H_2O_2 分解的反应速率常数有无变化？

(1) 改变 H_2O_2 的起始浓度；

(2) 换用其他催化剂；

(3) 改变测定温度。

实验二十一　尿素中含氮量的测定

一、实验目的

1. 学会用甲醛法测定氮含量，掌握间接滴定的原理。

2. 掌握容量瓶、移液管的正确操作方法。

3. 进一步熟悉分析天平的使用方法。

二、实验原理

常用的含氮化肥有 NH_4Cl、$(NH_4)_2SO_4$、NH_4NO_3、NH_4HCO_3 和尿素，其中 NH_4Cl、$(NH_4)_2SO_4$ 和 NH_4NO_3 都属于强酸弱碱盐。由于 NH_4^+ 酸性太弱（$K_a=5.6\times10^{-10}$），因此不能直接用 NaOH 标准溶液滴定，但用甲醛法可以间接测定其含量。尿素通过处理也可以用甲醛法测定其含氮量。

甲醛与 NH_4^+ 作用，生成质子化的六次甲基四胺（$K_a=7.1\times10^{-6}$）和 H^+，其反应如下：

$$4NH_4^+ + 6HCHO = (CH_2)_6N_4H^+ + 3H^+ + 6H_2O$$

所生成的 H^+ 和 $(CH_2)_6N_4H^+$ 可用 NaOH 标准溶液滴定，采用酚酞作指示剂（为什么?）。

三、实验用品

仪器或器具：容量瓶（250 mL），移液管（25 mL），锥形瓶（250 mL），碱式滴定管（50 mL）。

试剂：尿素试样（s），浓硫酸，甲基红指示剂（2 g·L^{-1} 水溶液），酚酞（2 g·L^{-1} 乙醇溶液），甲醛溶液（1∶1），NaOH 标准溶液（5 mol·L^{-1}，0.1 mol·L^{-1}）。

四、实验内容

1. 甲醛溶液的处理

取原装甲醛（40%）的上层清液于烧杯中，用蒸馏水稀释一倍，加入 1～2 滴

2 g·L^{-1} 酚酞指示剂,用 0.1 mol·L^{-1} NaOH 标准溶液中和至甲醛溶液呈淡红色。

2. 尿素中含氮量的测定

准确称取 0.70～0.80 g 尿素试样于小烧杯中,先加入尽可能少的水洗下粘在烧杯内壁上的尿素,然后加入 6 mL 的浓硫酸(18 mol·L^{-1}),盖上表面皿。在通风橱中用小火加热至 CO_2 气泡停止逸出而放出 SO_2 白烟为止。取下冷却,加水溶解,然后完全转移至 250 mL 容量瓶中,用水稀释至刻度,摇匀。

用移液管移取试液 25.00 mL 于 250 mL 锥形瓶中,加入 2～3 滴甲基红指示剂,滴加 5 mol·L^{-1} NaOH 溶液中和过量的硫酸,直至溶液由红色变为微红色,然后小心地滴加 0.1 mol·L^{-1} NaOH 溶液使溶液刚变成金黄色。加入 15 mL 中和过的甲醛溶液(1∶1)和 1～2 滴酚酞指示剂,静置 2 min 后,用 0.1 mol·L^{-1} NaOH 标准溶液滴定至溶液呈淡红色且持续半分钟不褪色即为反应终点,记下读数,计算试样中氮的质量分数,以 ω(N)表示。平行测定三次,要求相对平均偏差不大于 0.5%。

附:化肥硫酸铵中含氮量的测定

准确称取 1.6～2.0 g$(NH_4)_2SO_4$ 试样于小烧杯中,用少量蒸馏水溶解,然后完全转移至 250 mL 容量瓶中,用水稀释至刻度,摇匀。用移液管移取 25.00 mL 试液于 250 mL 锥形瓶中,加水 20 mL,加 1～2 滴甲基红指示剂,溶液呈红色,用 0.1 mol·L^{-1} NaOH 溶液中和至溶液转变为金黄色;然后加入 10 mL 已中和的 1∶1 甲醛溶液和 1～2 滴酚酞指示剂,摇匀,静置 2 min 后,用 0.1 mol·L^{-1} NaOH 标准溶液滴定至溶液呈淡红色,持续半分钟不褪色即为反应终点,记下读数,计算试样中氮的质量分数,以 ω(N)表示。平行测定三次,要求相对平均偏差不大于 0.5%。

五、问题与讨论

1. 尿素为有机碱,为什么不能用标准酸溶液直接滴定?尿素经硝化转化为 NH_4^+,为什么不能用 NaOH 溶液直接滴定?

2. 计算称取试样量的原则是什么?本实验试样量如何计算?

3. 中和甲醛和尿素硝化液中的游离酸时,分别选用何种指示剂?为什么这样选择?

4. NH_4HCO_3 中的含氮量能否用甲醛法测定?NH_4NO_3 中的含氮量如何计算?

实验二十二　色层分析

一、实验目的

1. 了解层析法是分离混合物和提纯、鉴定化合物的一种重要方法。

2. 初步掌握层析法的基本原理和基本操作，为后续的生物化学实验奠定基础。

二、实验原理

色层分析简称为层析，又称为色谱、色层等。早期应用此法来分离有色物质时，往往得到颜色不同的层带，层析即由此得名。但现在被分析的物质不管有色与否都适用层析法，因此，“层析”一词早已被赋予了新意。

层析法中涉及两个相，其中起分离作用的非移动相称为固定相（可以是固体或液体），通过固定相的试样混合物溶液（或气体）称为流动相。层析法的基本原理是基于分析试样各组分在不相混溶的两相（固定相和流动相）中的溶解度不同、在固定相上的物理吸附程度的不同或其他亲和作用性的差异而使各组分得以分离。

根据试样组分在固定相中的作用原理，层析可以分为吸附层析、分配层析和离子交换层析等。吸附层析是利用吸附剂对试样混合物各组分的吸附能力不同而将各组分分离。分配层析是利用试样混合物各组分在两相间的分配系数不同而将各组分分离。离子交换层析是利用离子交换到与各组分之间的离子亲和力不同而进行层析分离。实际上，有时在一种层析操作方法中，同时涉及上述两种或全部这三种作用原理。根据固定相的使用形式，层析又可分为柱层析、纸层析和薄层层析等。柱层析中常将流动液体（流动相）称为洗脱剂，而在纸层析和薄层层析中将流动相物质称为展开剂。

本实验所进行的柱层析可看作一种固-液吸附层析。层析柱内填充有固体吸附剂（固定相），如氧化铝和硅胶。液体样品从柱顶加入，在吸附质顶部被吸附，然后从柱的顶部加入洗脱剂。由于吸附剂对组分的吸附能力不同，各组分以不同的速度下移，被吸附得较弱的组分在流动相（洗脱剂）里的百分含量比被吸附得较强的组分要高，因而以较快的速度随洗脱剂从柱上端被洗脱下来，可用容器分别收集各组分（图 3-1）。

纸层析属于液-液分配层析。纸层析以层析滤纸为惰性载体来吸附一种溶剂（往往是水，因为滤纸纤维素通过氢键对水有着较大的亲和力），并以这种溶剂作为固定相。另外一种和固定相不相混溶或部分混溶的溶剂作为流动相（往往是有机溶剂），亦即展开剂，借毛细作用沿滤纸逐渐向上移动，滤纸上点的试样也随着展开剂的移动而在固定相（水）和流动相（如有机溶剂）中进行分配，在流动相中分配系数大些的试样组分则上移得远（图 3-2）。

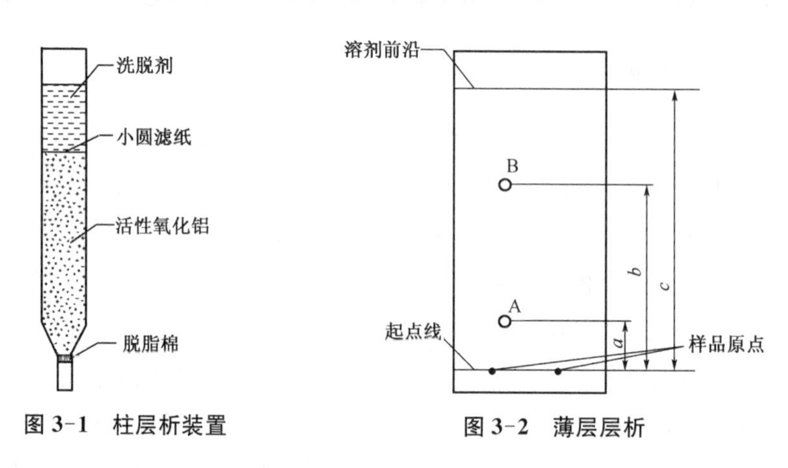

图 3-1　柱层析装置　　图 3-2　薄层层析

待测氨基酸混合液中的氨基酸，其结构差别在于侧键 R 基团的不同。一般来说，氨基酸分子中 R 基团的疏水性越大，它在有机溶剂（流动相）中的溶解度越大，随着流动相移动的速率也越大，上移得越远。反之，氨基酸分子中 R 基团的亲水性越大，则被固定相（水）滞留的程度越大，其移动速率就越小，即随展开剂上移得越近。在层析技术中，常用 R_f（比移值）来反映这项性质上的差异。

在图 3-2 中，

$$\text{A 物质 } R_f=\frac{\text{试样移动的距离}}{\text{展开剂移动的距离}}=\frac{\text{起始线至色斑中心的距离}}{\text{起始线至展开剂前沿的距离}}=\frac{a}{c}$$

因此，R 基团疏水性大的氨基酸的 R_f>R 基团疏水性小的氨基酸的 R_f，即亮氨酸的 R_f 值>丙氨酸的 R_f 值。R_f 值与化合物、温度、滤纸及展开剂等因素有关。若这些实验条件相同，则 R_f 值应和物质的熔点、沸点等物理常数一样，也是一个物理常数。对于有色物质，展开后就得到了各种颜色的斑点，但是对于无色的物质，展开后还要根据物质的特性采用特定的方法加以显色。例如，对于在紫外光下能产生荧光的物质，可利用紫外光照射来使该物质显色；氨基酸类物质（本实验就是用它作试样）可用 0.2% 的茚三酮的丙酮溶液来使该物质显色；酚类物质可用三氯化铁的乙醇溶液喷雾显色等。试样斑点经展开及显色后，在滤纸上出现不同部位的色斑，每一色斑代表试样中的一种氨基酸。

薄层层析和柱层析一样，属于固-液吸附层析，所不同的是，薄层层析要把吸附剂均匀地铺在玻璃板上，把试样溶液滴加到薄层上（这个操作和纸层析相似），然后用合适的溶剂展开而达到分离的目的。所以薄层层析的基本原理和柱层析相似。在文献资料中，薄层层析常用 TLC（Thin Layer Chromatography）来表示。TLC 兼有柱层析和纸层析的优点。用于 TLC 的薄板分为硬板和软板两种，加有黏合剂的薄层板称为硬板，不加黏合剂的薄层板称为软板。常用的吸附剂有氧化铝和硅胶，常用的黏合剂有烧石膏（G）和淀粉羧甲基纤维素（CMC）等，硅胶 G 表示加有烧石膏黏合剂，如果吸附剂名称后带有“H”字样，则表示该吸附剂中并无黏合剂，如硅胶 H 本身不含黏合剂，使用时必须另加黏合剂。

层析法对研究氨基酸、蛋白质及其他高分子在机体内的代谢有着重要的意义，此外还广泛地应用于其他微量的生物活性物质和中草药的研究中。

三、实验用品

仪器或器具：层析柱，滴定管和滴定管架一套，小烧杯（或锥形杯）2 只，大试管（管口配有带铜丝的软木塞），层析缸，纸层析用滤纸条，薄层层析用硬板或玻璃板，毛细管（内径不大于 1 mm），电吹风机，喷雾器，米尺，大头针（用于滤纸条戳孔），细钢丝（用于捅层析柱内的物体），铅笔，研钵，台秤，脱脂棉花，圆形小滤纸，刻度吸管（5 mL）。

试剂：展开剂 A（纸层析用）①，展开剂 B（薄层层析用）②，氨基酸混合液（已知其成分）③，含 CrO_4^{2-} 和 MnO_4^- 的混合液④，硅胶 G，活性氧化铝，0.2%茚三

---

① 展开剂 A（纸层析用）：正丁醇、冰醋酸和水等体积混合。

② 展开剂 B（薄层层析用）：正丁醇、冰醋酸和水以 4∶1∶1 的体积比混合。

③ 亮氨酸和丙氨酸混合液：0.25%亮氨酸[$(CH_3)_2CH(NH_2)COOH$]和等浓度等体积的丙氨酸[$CH_3CH(NH_2)COOH$]溶液混合。

④ 含 CrO_4^{2-} 和 MnO_4^- 的混合液：0.1 mol·L^{-1} K_2CrO_4 和 0.025 mol·L^{-1} $KMnO_4$ 溶液等体积混合。

酮丙酮溶液(贮于喷雾器内),氨基酸未知液。

四、实验内容

(一) 纸层析

用 5 mL 吸管吸取展开剂 A(纸层析用)3～4 mL,置于大试管中(使用吸管的目的是避免展开剂沾湿试管内壁),塞紧。

取一张滤纸条(手指只能接触滤纸条的前沿线一端,以防手汗污染层析部位),在距离其起始一端的 1.5 cm 处和 9 cm 处用铅笔(勿用圆珠笔和钢笔等)各划一条线,分别作为起始线和溶剂前沿线,在起始线中划一记号“×”,作为试样起始点,用毛细管吸取氨基酸混合液,在起始点“×”处点样,样点直径一般以 2～3 mm 为宜,点样后用电吹风机冷风吹干。在滤纸条前沿线以外部位,用大头针戳一个小孔,通过此孔使滤纸条垂直悬挂在大试管中(勿使纸条碰到试管内壁),纸条下端浸入展开剂中 2～4 mm(勿使样点浸入展开剂)进行展开。待展开剂上升至 9 cm 划线处时取出纸条,用电吹风机冷风吹干,然后将喷雾器中的茚三酮丙酮溶液均匀地喷洒在纸条上,再用电吹风机热风吹至纸条上呈现各氨基酸的红紫色斑点为止。量出起始点至各色斑中心的距离及起始点至展开剂前沿的距离,并分别计算出各氨基酸的 R_f 值。氨基酸混合液是丙氨酸和亮氨酸的混合溶液,结构如图 3-3 所示。

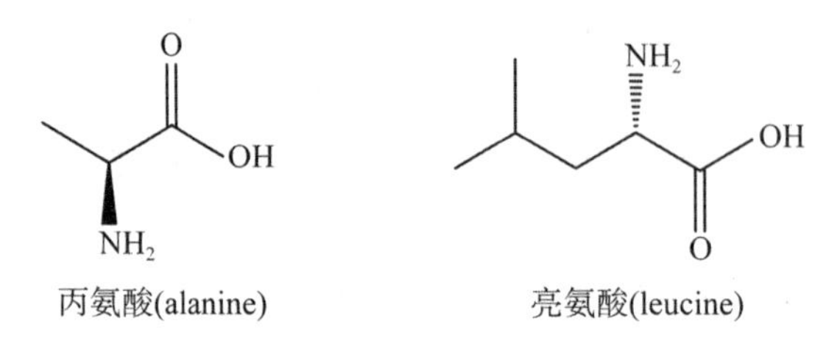

图 3-3　混合液氨基酸结构式

实验完毕,洗净大试管并倒着夹起来,以备下次使用。

(二) 薄层层析

1. 制备薄层板

制备薄层板包括干法和湿法两种。干法制板可以直接用层析氧化铝或层析硅胶在光洁的玻璃板(大小可根据实验要求)上铺板,厚度为 0.4～1 mm。湿法制板则需要在一定量的吸附剂中加适量的水或者黏合剂，先制成糊状，再铺成薄板（硅胶 G 板是用硅胶 1 份，加水 4～5 份调成糊状即可制板，氧化铝 G 板是用氧化铝 1 份，加水 1 份，调匀后即可制板）。薄层板制好后，常根据实验的要求，在一定的温度下烘一定的时间方能使用。这种处理薄板的方法称为活化。本实验所用硬板由教师预先制备好，提供给学生使用。

2. 加入展开剂

在层析缸中，小心地加入约 4 mL 展开剂 B（TLC 用），勿使展开剂沾湿层析缸内壁（通常展开剂高约 0.5 cm 即可）。

3. 点样

用清洁手拿硬板的一端，在其另一端的 1.5 cm 处和 6 cm 处用铅笔各划一线，分别作为起始线和溶剂前沿线。用毛细管吸取已知组分的氨基酸混合液和氨基酸未知液，分别在硬板起始线上点样（两处），每处点一次样，样点直径应小于 3 mm，两样点间距离约为 1 cm，否则两样点经展开后色斑间容易发生相互渗透、合并现象。用电吹风机冷风吹干。

4. 展开

将该薄板的点样端朝下，小心地斜置于层析缸中，注意样点不能浸入展开剂中，加盖。待展开剂前沿到达展开剂前沿线时，将其取出，用电吹风机冷风吹干。

5. 显色

展开后，如化合物本身有色，就直接观察色斑；如本身无色，可用显色剂喷洒使之显色，也可在紫外线下观察有否荧光色斑，用大头针划出色斑位置。

6. R_f 计算

$$R_f=\frac{\text{起始点至斑点中心的距离}}{\text{起始点至展开剂前沿的距离}}$$

化合物 A

$$R_f=\frac{a}{c}$$

化合物 B

$$R_f=\frac{b}{c}$$

本实验硬板展开后，需喷洒茚三酮显色剂，用电吹风机热风吹至薄层板出现色斑为止。

实验完毕，洗净层析缸，倾斜倒置于桌上，准备给后面班级学生实验使用。

本次薄层层析混合液为丙氨酸和亮氨酸混合液。

(三) 柱层析

取层析柱一支，从广口一端塞入一小团脱脂棉花(勿塞得过紧，以免降低洗脱剂流速)，然后通过纸圈装入活性氧化铝吸附粉剂 6～8 cm 高，在装的过程中要随时轻轻敲击层析柱，以使填充紧密均匀，但亦勿装得过于紧密，以致影响洗脱剂流速。借助玻璃棒在吸附剂上面放一张圆形的小滤纸(这样在加入试剂和洗脱剂时，不致冲散吸附剂)，于层析柱下方放一接收器。

于层析柱中滴入含 CrO_4^{2-} 和 MnO_4^- 的混合液 2 滴，立即用滴管加入数滴去离子水淋洗柱子上部，至淋洗液无色时，则用大量的水洗脱，使吸附较弱的 MnO_4^- 先从柱子里洗脱下来，待红色的 MnO_4^- 洗脱完毕，继续加水把黄色的 CrO_4^{2-} 洗脱下来，收集于另一接收器内(本实验不要求洗脱 CrO_4^{2-})。

实验完毕，回收氧化铝，洗净层析柱，并倒着夹起来，备用。

五、问题与讨论

1. 在纸层析和薄层层析中，应拿住滤纸条和薄层板的什么部位？为什么？
2. 如果样点浸入展开剂中，将会出现什么现象？
3. 如果两个样点间距太小，展开后可能会出现什么现象？

第四章　综合性实验

实验二十三　胃舒平药片中铝和镁的测定

一、实验目的

1. 学习药剂测定的预处理方法。
2. 学习用返滴定法测定铝的方法。
3. 掌握沉淀分离的操作方法。

二、实验原理

胃舒平主要成分为氢氧化铝、三硅酸铝及少量中药颠茄流浸膏，在制成片剂时还加了大量糊精等赋形剂。药片中 Al 和 Mg 的含量可用 EDTA 配位滴定法测定。首先溶解样品，分离除去不溶物质，然后取试液加入过量的 EDTA 溶液，调节 pH 至 4 左右，煮沸使 EDTA 与 Al 配位完全，再以二甲酚橙为指示剂，用 Zn^{2+} 标准溶液返滴过量的 EDTA，测出 Al 含量。另取试液，调节 pH 将 Al 沉淀分离后，在 pH 为 10 的条件下以甲基红、铬黑 T 作指示剂，用 EDTA 标准溶液滴定滤液中的 Mg。

三、实验用品

仪器或器具：滴定管（50 mL），容量瓶（250 mL），移液管（25 mL），锥形瓶（250 mL），烧杯（100 mL）。

试剂：NH_4Cl(s)，EDTA 标准溶液（0.020 0 $mol \cdot L^{-1}$），Zn^{2+} 标准溶液（0.020 0 $mol \cdot L^{-1}$），六亚甲基四胺（20%），三乙醇胺溶液（1∶2），氨水（1∶1），盐酸（1∶1），甲基红指示剂（0.2%乙醇溶液），铬黑 T 指示剂（0.2%），二甲酚橙指示剂（0.2%），$NH_3 \cdot H_2O$-NH_4Cl 缓冲溶液（pH=10）。

四、实验内容

1. 样品处理

取胃舒平药片 10 片,研细后从中称出药粉 2.0 g,加入 20.0 mL 盐酸(1∶1),加蒸馏水 100.0 mL,煮沸,冷却后过滤,并以水洗涤沉淀,收集滤液及洗涤液于 250.00 mL 容量瓶中,稀释至刻度,摇匀。

2. 铝的测定

准确吸取上述溶液 5.00 mL,加水至 25.0 mL,滴加 1∶1 氨水至刚出现浑浊,再加 1∶1 的盐酸至沉淀恰好溶解,准确加入 EDTA 标准溶液 25.00 mL,再加入 10.0 mL 六亚甲基四胺溶液,煮沸 10 min 并冷却后加入二甲酚橙指示剂 2～3 滴,以 Zn^{2+} 标准溶液滴定至溶液由黄色变为红色,即为终点。根据 EDTA 加入量与 Zn^{2+} 标准溶液滴定体积,计算每片药片中 Al 的质量分数[以 $Al(OH)_3$ 表示]。平行测定三次,求平均值。

3. 镁的测定

吸取溶液 25.00 mL,滴加 1∶1 氨水至刚出现沉淀,再加 1∶1 的盐酸至沉淀恰好溶解,加入 2.0 g NH_4Cl 固体,滴加六亚甲基四胺溶液至沉淀出现并过量 15.0 mL,加热至 80 ℃,维持 10～15 min,冷却后过滤,以少量蒸馏水洗涤沉淀数次,收集滤液与洗涤液于 250 mL 锥形瓶中,加入三乙醇胺溶液 10.0 mL、NH_3-NH_4Cl 缓冲溶液 10.0 mL 及甲基红指示剂 1 滴、铬黑 T 指示剂少许,用 EDTA 标准溶液滴定至溶液由暗红色转为蓝绿色,即为终点。计算每片药片中 Mg 的质量分数(以 MgO 表示)。平行测定三次,求平均值。

五、数据记录与结果处理

将实验数据填入表 4-1 和表 4-2 中。

表 4-1　铝的测定

项目	平行试样		
	1	2	3
药片 m_1/g			

（续表）

项目	平行试样		
	1	2	3
药粉 m_2/g			
试液 V/mL	5.00		
Zn^{2+}标始 V/mL			
Zn^{2+}标终 V/mL			
Zn^{2+}标 V/mL			
$Al(OH)_3$%（以质量分数计）			
$Al(OH)_3$%平均值（以质量分数计）			

表 4-2　镁的测定

项目	平行试样		
	1	2	3
药片 m_1/g			
药粉 m_2/g			
试液 V/mL	25.00		
EDTA 标始 V/mL			
EDTA 标终 V/mL			
EDTA 标 V/mL			
MgO%（以质量分数计）			
MgO%平均值（以质量分数计）			

六、问题与讨论

1. 本实验为什么要在称取大样后，再分取部分试液进行滴定？
2. 在分离铝后的滤液中测定镁，为什么要加三乙醇胺？

七、注意事项

1. 为使测定结果具有代表性，应取较多样品，研细后再取部分进行分析。
2. 测定镁时加入 1 滴甲基红指示剂可使终点更易观察。

实验二十四　硫代硫酸钠的标定和维生素C片中维生素C含量的测定

一、实验目的

1. 学习碘量法标定硫代硫酸钠浓度的原理、方法与操作技能。
2. 巩固滴定分析实验操作技能。

二、实验原理

1. 间接法配制硫代硫酸钠溶液

$Na_2S_2O_3 \cdot 5H_2O$ 容易风化、潮解，因此不能直接配制标准浓度的溶液，只能用间接法配制。为了获得浓度较稳定的标准 $Na_2S_2O_3$ 溶液，配制时，必须用新煮沸并冷却的蒸馏水，以抑制蒸馏水中的 CO_2、微生物与 $Na_2S_2O_3$ 作用而使其分解，同时蒸馏水必须保持微碱性，防止 $Na_2S_2O_3$ 在酸性溶液中分解。

2. $Na_2S_2O_3$ 标准溶液的标定

标定 $Na_2S_2O_3$ 的基本反应：

$$I_2 + 2S_2O_3^{2-} \longrightarrow 2I^- + S_4O_6^{2-}$$

反应条件为中性或弱酸性。其中的 I_2 由强氧化剂与 KI 定量反应所得，常用的强氧化剂基准物一般为 KIO_3、KBO_3、$K_2Cr_2O_7$ 等。其中 $K_2Cr_2O_7$ 与 KI 的反应为

$$Cr_2O_7^{2-} + 6I^- + 14H^+ \longrightarrow 2Cr^{3+} + 3I_2 + 7H_2O$$

$K_2Cr_2O_7$ 与 KI 反应速率慢，因此，在氧化还原反应中，应充分了解反应速率，使滴定速率与反应速率相吻合。故在标定 $Na_2S_2O_3$ 溶液时，与 $K_2Cr_2O_7$ 反应的 KI 必须过量，而且要放置一段时间使其充分反应。

3. 维生素C片中维生素C含量的测定

抗坏血酸又称维生素C，分子式为 $C_6H_8O_6$，摩尔质量为 176.12 $g \cdot mol^{-1}$，

分子中的烯二醇基具有还原性，能被 I_2 氧化成二酮基，如图 4-1 所示。

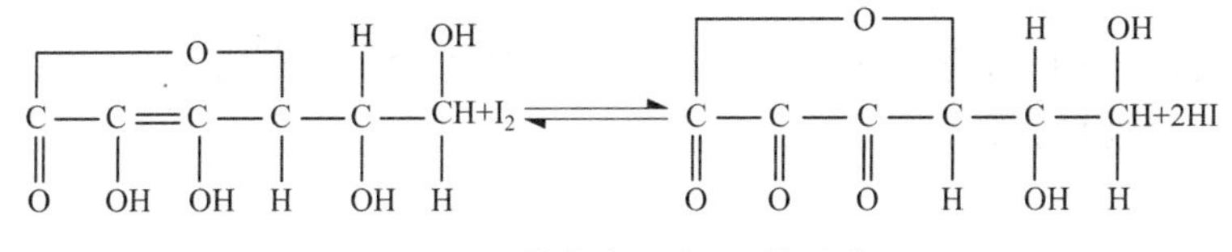

图 4-1　维生素 C 与 I_2 的反应

1 mol 维生素 C 与 1 mol I_2 定量反应，该反应可以用来测定药物、食品中的维生素 C 含量。

由于维生素 C 的还原性很强，标准电极电位仅为 0.18 V，在空气中极易被氧化，尤其是在碱性介质中，所以测定时加入 HAc 使溶液呈酸性，减少滴定过程中的副反应。

维生素 C 的电极反应式为

$$C_6H_6O_6 + 2H^+ + 2e^- = C_6H_8O_6$$

$$\varphi^{\ominus} = +0.18\ V$$

三、实验用品

仪器或器具：恒温水浴箱，烘箱，称量瓶，电子天平（0.1 mg），烧杯（100 mL，250 mL），容量瓶（100 mL，250 mL），锥形瓶（250 mL），试剂瓶（500 mL 磨口瓶），洗瓶，吸耳球（50 mL），酸式滴定管（50 mL），碱式滴定管（50 mL），移液管（25 mL），刻度吸管（1 mL，2 mL，5 mL，10 mL）。

试剂：邻苯二甲酸氢钾（s，AR），HAc 溶液（2.0 $mol \cdot L^{-1}$），淀粉溶液（0.2%），$Na_2S_2O_3 \cdot 5H_2O$（s，AR），$K_2Cr_2O_7$（s，AR），20% KI 溶液，盐酸（6.0 $mol \cdot L^{-1}$）。

四、实验内容

1. 0.050 $mol \cdot L^{-1}$ $K_2Cr_2O_7$ 标准溶液的配制

将分析纯 $K_2Cr_2O_7$ 于 150～180 ℃干燥 2 h，置于干燥器中冷却至室温。用电子天平准确称取 0.612 9 g $K_2Cr_2O_7$ 置于小烧杯中，加水溶解，再转入 250 mL

容量瓶中，稀释至刻度线，摇匀。

2. 0.10 mol·L^{-1} I_2 溶液的配制

称取 3.3 g I_2 和 5.0 g KI，置于研钵中，加入少量水研磨（通风橱中操作），待 I_2 全部溶解后，将溶液转入棕色试剂瓶中。加水稀释至 250 mL，摇匀，暗处保存。

3. 0.10 mol·L^{-1} $Na_2S_2O_3$ 溶液的配制

称取 $Na_2S_2O_3 \cdot 5H_2O$ 12.5 g 置于 400 mL 烧杯中，加入约 0.1 g Na_2CO_3，用新煮沸经冷却的蒸馏水稀释到 500 mL，保存于棕色瓶中，在暗处放置一周后再标定浓度。

4. 0.10 mol·L^{-1} $Na_2S_2O_3$ 溶液的标定

用移液管吸取 $K_2Cr_2O_7$ 溶液 25.00 mL 置于 250 mL 锥形瓶中，加入 5.0 mL 6 mol·L^{-1} 盐酸，再加入 20 % KI 溶液 5.0 mL，摇匀后放在暗处 5 min 后，立即用待标定的 $Na_2S_2O_3$ 溶液滴定至呈淡黄色，加 0.2%淀粉溶液 5.0 mL，继续用待标定的 $Na_2S_2O_3$ 溶液滴定至蓝色刚好消失，计算 $Na_2S_2O_3$ 溶液浓度。平行测定 3～5 份，计算平均值。

5. I_2 标准溶液的标定

吸取 25.00 mL $Na_2S_2O_3$ 标准溶液 3 份，分别置于 250 mL 锥形瓶中，加入 50.0 mL 水、2.0 mL 淀粉溶液，用 I_2 滴定至溶液呈稳定的蓝色，半分钟不褪色即为终点。平行测定 3～5 份，计算 I_2 溶液的浓度。

6. 维生素 C 片中维生素 C 含量的测定

取维生素 C 片 1 片到 2 片（质量大于 0.2 g），在研钵中研碎，准确称重后置于锥形瓶中，加 10.0 mL 2.0 mol·L^{-1} HAc 溶液，加水 30.0 mL，淀粉指示剂 2.0 mL，立即用 I_2 标准溶液滴定至溶液呈稳定的蓝色，即为终点，平行测定 3～5 份，计算维生素 C 的百分含量。

五、问题与讨论

1. 配制 $Na_2S_2O_3$ 溶液所使用的蒸馏水为什么要先煮沸再冷却后才能使用？

2. 为什么要用强氧化剂与 KI 反应产生 I_2 来标定 $Na_2S_2O_3$，而不能用氧化剂直接反应来标定 $Na_2S_2O_3$？

实验二十五　混合碱的分析与测定

一、实验目的

1. 掌握双指示剂分析测定混合碱组成和含量的基本原理和方法。
2. 巩固酸碱滴定的基本操作。

二、实验原理

混合碱是指 Na_2CO_3、NaOH 和 $NaHCO_3$ 的各自混合物及类似的混合物。(但不存在 NaOH 和 $NaHCO_3$ 的混合物,为什么?)

0.1 mol·L^{-1} 的 NaOH, 0.1 mol·L^{-1} 的 Na_2CO_3, 0.1 mol·L^{-1} 的 $NaHCO_3$ 溶液的 pH 分别为 13.0,11.6,8.3。用 0.1 mol·L^{-1} 盐酸分别滴定 0.1 mol·L^{-1} NaOH, 0.1 mol·L^{-1} Na_2CO_3, 0.1 mol·L^{-1} $NaHCO_3$ 溶液时,如果以酚酞为指示剂,酚酞的变色范围为 8.1～9.7,因此,NaOH、Na_2CO_3 可以被滴定,NaOH 转化为 NaCl,Na_2CO_3 转化为 $NaHCO_3$,此为第一滴定终点,而 $NaHCO_3$ 不被滴定;当以甲基橙(3.1～4.4)为指示剂时,$NaHCO_3$ 被滴定转化为 NaCl 时为第二滴定终点,如图 4-2 所示。

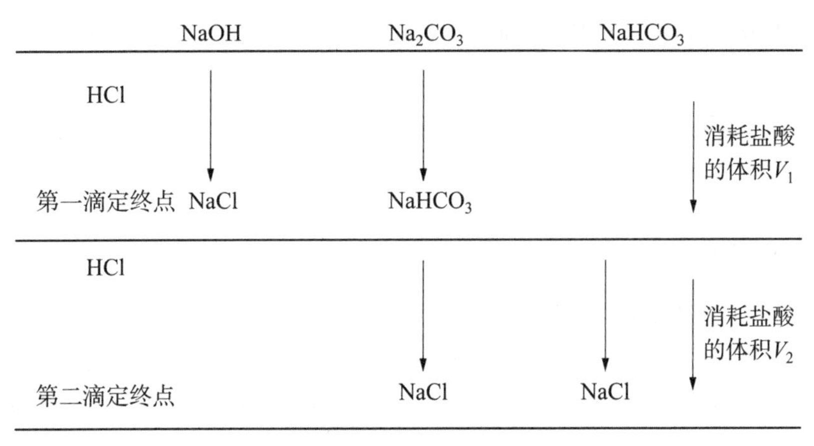

图 4-2　混合碱的分析与测定

从以上分析可见，通过滴定不仅能够完成定性分析，还可以完成定量分析。

因为 Na_2CO_3 转化生成 $NaHCO_3$ 以及 $NaHCO_3$ 转化成 NaCl 消耗盐酸的量是相等的，所以由 V_1 和 V_2 的大小可以判断混合碱的组成。当 $V_1>V_2$ 时，说明是 NaOH 和 Na_2CO_3 组成混合碱；当 $V_1<V_2$ 时，说明是 Na_2CO_3 和 $NaHCO_3$ 组成混合碱。

计算公式：

(1) NaOH 和 Na_2CO_3 组成混合碱($V_1>V_2$)：

$$\text{NaOH}\% = \frac{c(V_1 - V_2) \times \frac{M(\text{NaOH})}{1\,000}}{m} \times 100\%$$

$$\text{Na}_2\text{CO}_3\% = \frac{c \times 2V_2 \times \frac{1}{2} \times \frac{M(\text{Na}_2\text{CO}_3)}{1\,000}}{m} \times 100\%$$

(2) Na_2CO_3 和 $NaHCO_3$ 组成混合碱($V_1<V_2$)：

$$\text{NaHCO}_3\% = \frac{c(V_1 - V_2) \times \frac{M(\text{NaHCO}_3)}{1\,000}}{m} \times 100\%$$

当 $V_1=0, V_2\neq0$ 或 $V_1\neq0, V_2=0$ 或 $V_1=V_2\neq0$ 时，混合碱组成又如何？

三、实验用品

仪器或器具：酸式滴定管(50 mL)，电子天平(0.1 mg)，容量瓶(250 mL)，移液管(25 mL)。

试剂：HCl 溶液(0.1 mol·L^{-1})，酚酞指示剂(2 g·L^{-1} 乙醇溶液)，甲基橙指示剂(0.2 %)，混合碱试剂。

四、实验内容

1. HCl 标准溶液的标定

准确称量 0.10～0.12 g 无水 Na_2CO_3 三份，分别置于 250 mL 锥形瓶中，加入 25.0 mL 去离子水溶解，滴加 2～3 滴甲基橙指示剂，用 HCl 标准溶液滴定至终点。

注意：终点时生成的是 H_2CO_3 饱和溶液，pH 为 3.9，为了防止终点提前，必须尽可能驱除 CO_2，接近终点时要剧烈振荡溶液，或者加热。

2. 混合碱滴定

(1) 称取一定量的混合碱于小烧杯中，加入少许水溶解，转入 250 mL 容量瓶中定容。

(2) 移取 25.00 mL 混合碱溶液于 250 mL 锥形瓶中，加入 3～4 滴酚酞指示剂，用 HCl 标准溶液滴定至第一终点，记录消耗 HCl 标准溶液的体积 V_1。再加入 3～4 滴甲基橙指示剂，用 HCl 标准溶液滴定至第二终点，记录消耗 HCl 标准溶液的体积 V_2。平行测定三次。

注意：在第一终点时，生成 $NaHCO_3$，应尽可能保证 CO_2 不损失！而在第二终点时，生成 H_2CO_3，应尽可能驱除 CO_2！采取的措施：接近第一终点时，一是滴定速度不应过快，否则会造成 HCl 局部浓度过高，引起 CO_2 丢失；二是振荡要缓慢。

五、数据记录与结果处理

1. 判断混合碱的组成

根据第一终点、第二终点消耗 HCl 标准溶液的体积 V_1 和 V_2($V_2=V-V_1$)的大小判断混合碱的组成。

2. 计算分析结果

根据混合碱的组成，写出各自的滴定化学方程式，推出计算公式，计算 HCl 标准溶液浓度(表 4-3)及混合碱各组分的含量(表 4-4)。

表 4-3　HCl 标准溶液的标定

项　目	平行试样		
	1	2	3
$m(Na_2CO_3)$/g			
$V(HCl)$/ mL			
$c(Na_2CO_3)$/(mol·L^{-1})			
$c(HCl)$/(mol·L^{-1})			
$\bar{c}(HCl)$/(mol·L^{-1})			
相对平均偏差			

表 4-4 混合碱的测定

项目		平行试样		
		1	2	3
第一终点	V_1/mL			
第二终点	V/mL			
	V_2/mL			
组分 1 含量				
组分 1 平均含量				
组分 2 含量				
组分 2 平均含量				
相对平均偏差				

注:组分含量以质量分数计。

六、问题与讨论

1. 双指示剂法测定混合碱的准确度较低,还有什么方法能提高分析结果的准确度?

2. 为什么一般都用强碱氢氧化钠滴定酸?

3. 为什么标准溶液的浓度一般都为 0.1 mol・L^{-1},而不宜过高或过低?

4. 酸碱滴定法中,选择指示剂的依据是什么?

5. 干燥的纯 NaOH 和 $NaHCO_3$ 按 2∶1 的质量比混合后溶于水,并用盐酸标准溶液滴定,使用酚酞为指示剂时用去盐酸的体积为 V_1,继续用甲基橙为指示剂,又用去盐酸的体积为 V_2,求 V_1/V_2(保留三位有效数字)。

七、注意事项

1. 双指示剂法。由于使用酚酞(由红色至无色)、甲基橙双色指示剂,颜色变化不明显,分析结果的误差较大,可以采用对照的方法提高分析结果的准确度。

2. CO_2 的保护与驱除。在接近终点时,必须注意 CO_2 的保护与驱除,否则会造成终点的提前。

实验二十六　茶叶中微量金属元素的分离鉴定

一、实验目的

1. 了解并掌握分离和鉴定茶叶中某些化学元素的方法。
2. 学习配位滴定法测定茶叶中钙、镁含量的方法和原理。
3. 提高综合利用元素基本性质分析和解决化学问题的能力。

二、实验原理

茶叶属于植物类有机体，主要由C、H、O、N等元素组成，还含有P、I和Ca、Mg、Al、Fe、Cu、Zn等微量金属元素。本实验主要是从茶叶中分离和定性鉴定Fe、Al、Ca、Mg等元素，并对Ca、Mg元素进行定量测定。

茶叶的加热灰化，即在空气中将其置于敞口的蒸发皿或坩埚中加热，有机物经氧化分解而烧成灰烬。灰化后，除了几种主要元素形成易挥发物质逸出外，其余元素均留在灰烬中，用酸浸取后进入溶液，因此可从浸取液中分离鉴定Ca、Mg、Fe、Al等元素。四种金属离子需调节溶液酸度先分离后鉴定，可利用表4-5给出的四种金属离子氢氧化物沉淀完全的pH进行流程设计。

表4-5　金属离子氢氧化物沉淀完全的pH

化合物	$Ca(OH)_2$	$Mg(OH)_2$	$Al(OH)_3$	$Fe(OH)_3$
pH	＞13	＞11	5.2～9.0	4.1

铁铝混合液中，Fe^{3+}对Al^{3+}的鉴定有干扰，可利用Al^{3+}的两性，加入过量的碱，使Al^{3+}转化为AlO_2^-留在溶液中，Fe^{3+}则生成$Fe(OH)_3$沉淀，经分离去除后，即可消除干扰。

钙、镁含量的测定，可采用配位滴定法。在pH＝10的条件下，以铬黑T为指示剂，EDTA为标准溶液，直接滴定可测得Ca和Mg的总量。若欲测Ca、Mg各自的含量，可在pH＞12时，使Mg^{2+}生成氢氧化物沉淀，以钙指示剂、EDTA

标准溶液滴定 Ca^{2+}，然后用差减法即得 Mg^{2+} 的含量。

Fe^{3+}、Al^{3+} 的存在会干扰 Ca^{2+}、Mg^{2+} 的测定，可用三乙醇胺掩蔽 Fe^{3+} 与 Al^{3+}。

三、实验用品

仪器或器具：研钵，蒸发皿，电子天平，烧杯(150 mL)，离心机，酒精灯，玻璃棒，pH 试纸，滤纸，长颈漏斗，试管，酸式滴定管(50 mL)，锥形瓶(250 mL)，量筒(25 mL，50 mL)，容量瓶(250 mL)。

试剂：茶叶，盐酸($2\ mol \cdot L^{-1}$，$6\ mol \cdot L^{-1}$)，氨水($6\ mol \cdot L^{-1}$)，KSCN 溶液(饱和)，HNO_3 溶液(浓)，$(NH_4)_2C_2O_4$ 溶液($0.5\ mol \cdot L^{-1}$)，NaOH 溶液($2\ mol \cdot L^{-1}$，40%)，铝试剂(0.1%)，镁试剂，HAc 溶液($6\ mol \cdot L^{-1}$)，EDTA 标准溶液($0.01\ mol \cdot L^{-1}$)，铬黑 T 指示剂(1%)，$NH_3 \cdot H_2O-NH_4Cl$ 缓冲溶液。

四、实验内容

1. 茶叶中 Ca^{2+}、Mg^{2+}、Al^{3+}、Fe^{3+} 四种离子的分离鉴定

(1) 茶叶的处理

取 7～8 g 干燥的茶叶于研钵中研细，在电子天平上准确称其质量，放入蒸发皿中，于通风橱中用酒精灯加热充分灰化。冷却后，加 $6\ mol \cdot L^{-1}$ 盐酸 10 mL 于蒸发皿中，搅拌溶解(可能有少量不溶物)，将溶液完全转移至 150 mL 烧杯中，加去离子水 20 mL，再逐滴加 $6\ mol \cdot L^{-1}$ 氨水调 pH 约为 7，使其产生沉淀。置于沸水浴加热 30 min，常压过滤，然后用去离子水洗涤烧杯和滤纸，滤液直接用 250 mL 容量瓶接收，并稀释至刻度线，摇匀，贴上标签，标明为 Ca^{2+}、Mg^{2+} 混合溶液，备用。

另取一只 150 mL 烧杯置于长颈漏斗之下，用 $6\ mol \cdot L^{-1}$ 盐酸 10 mL 重新溶解滤纸上的沉淀，并少量多次洗涤滤纸。完毕后，用玻璃棒搅匀烧杯中滤液，贴上标签，标明为 Al^{3+}、Fe^{3+} 混合溶液，备用。

(2) 分离和鉴定各金属离子

从 Ca^{2+}、Mg^{2+} 混合溶液的容量瓶中取试液 1 mL 于一洁净的试管中，向管

中滴加 0.5 mol·L^{-1} $(NH_4)_2C_2O_4$ 溶液至白色沉淀产生，离心分离，溶液转移到另一试管中，向沉淀中加 2 mol·L^{-1} 盐酸，白色沉淀溶解，显示有 Ca^{2+}。向清液中加入几滴 40% NaOH 溶液，再加 2 滴镁试剂，有天蓝色沉淀产生，显示有 Mg^{2+}。

从 Al^{3+}、Fe^{3+} 混合溶液的烧杯中取试液 1 mL 于一洁净的试管中，向管中加入过量的 40% NaOH 溶液，离心分离，取上层清液于另一试管中，在所得沉淀中加 6 mol·L^{-1} 盐酸使其溶解，然后加 2 滴饱和 KSCN 溶液，出现血红色，显示有 Fe^{3+}。在清液中加 6 mol·L^{-1} HAc 溶液酸化，加 2 滴铝试剂，放置片刻后，再加 2 滴 6 mol·L^{-1} 氨水碱化，在水浴上加热，有红色絮状沉淀产生，显示有 Al^{3+}。

2. 茶叶中 Ca、Mg 总量的测定

从 Ca^{2+}、Mg^{2+} 混合溶液的容量瓶中准确移取试液 25.00 mL 置于 250 mL 锥形瓶中，加入三乙醇胺 5 mL，再加入 $NH_3·H_2O-NH_4Cl$ 缓冲溶液 10 mL，摇匀，最后加入 2 滴铬黑 T 指示剂，用 0.01 mol·L^{-1} EDTA 标准溶液滴定至溶液由酒红色变为纯蓝色，即达终点。根据 EDTA 的消耗量，计算茶叶中 Ca、Mg 的总量（以 MgO 的质量分数表示）。

五、问题与讨论

1. 写出实验中检出四种元素的有关化学方程式。
2. 茶叶中还有哪些元素？如何鉴定？
3. 测定钙镁含量时加入三乙醇胺的作用是什么？
4. 欲测该茶叶中 Fe 或 Al 的含量，应如何设计方案？
5. 试讨论为什么 pH=6～7 时，能将 Al^{3+}、Fe^{3+} 与 Ca^{2+}、Mg^{2+} 分离完全。

注

镁试剂的配制：取 0.01 g 镁试剂（对硝基偶氮间苯二酚）溶于 1 L 1 mol·L^{-1} NaOH 溶液中。

第五章　设计性实验

实验二十七　植物体中某些元素的分离与鉴定

一、实验目的

了解从周围植物中分离和鉴定某些化学元素的方法。

二、实验原理

植物有机体主要由C，H，O，N等元素组成，此外还有Ca，Mg，Al，Fe四种金属元素和P、I两种非金属元素。

PO_4^{3-} 的鉴定不受以上几种金属离子的干扰，可直接用钼酸铵法鉴定。

Ca^{2+}，Mg^{2+}，Al^{3+}，Fe^{3+} 可通过控制溶液的pH进行分离鉴定，它们的氢氧化物完全沉淀的pH范围分别为＞13.0，＞11.0，＞4.7，＞3.2。注意：在pH＞7.8时，两性氢氧化物 $Al(OH)_3$ 开始溶解。

Ca^{2+} 的鉴定可用草酸铵法：$Ca^{2+}+C_2O_4^{2-} \rightleftharpoons CaC_2O_4\downarrow$（白色）

Mg^{2+} 的鉴定可在强碱性条件下加镁试剂生成蓝色沉淀。

Al^{3+} 的鉴定可采用在微碱性条件下加铝试剂（金黄色素三羧酸铵）生成红色沉淀的方法。Fe^{3+} 可与KSCN和 NH_4SCN 生成血红色配合物，还可与黄血盐生成蓝色沉淀。

三、实验内容

1. 从松枝、柏枝、茶叶等植物体中任选一种鉴定Ca，Mg，Fe和Al元素

取约5 g已洗净且干燥的植物枝叶（青叶用量适当增加），放在蒸发皿中，在通风橱内用酒精灯加热灰化，然后用研钵将植物灰研细。取一勺灰粉（约

0.5 g)于 10.0 mL 2.0 mol·L^{-1} 盐酸中,加热并搅拌加速溶解,过滤。

自拟方案鉴定滤液中 Ca^{2+},Mg^{2+},Al^{3+},Fe^{3+}。

2. 从松枝、柏枝、茶叶等植物体中任选一种鉴定 P 元素

用同上的方法制得植物灰粉,取一勺溶于 2.0 mol·L^{-1} 浓硝酸中,然后加水 30.0 mL 稀释,过滤。

自拟方案鉴定滤液中的 PO_4^{3-}。

3. 海带中碘的鉴定

将海带用上述的方法灰化,并搅拌加速溶解,过滤。自拟方案鉴定滤液中的碘元素。

四、问题与讨论

1. 植物中还可能含有哪些元素?如何鉴定?

2. 为了鉴定 Mg^{2+},某学生进行如下实验:植物灰用较浓的盐酸浸湿,过滤。滤液用氨水中和至 pH=7,过滤。在所得的滤液中加几滴 NaOH 溶液和镁试剂,发现得不到蓝色沉淀。试解释实验失败的原因。

注

(1) 注意鉴定离子的条件及干扰离子。

(2) 由于植物中以上欲鉴定元素的含量一般都不高,所得滤液中这些离子的浓度往往较低,鉴定时取量不宜太少,一般可取 1 mL 左右进行鉴定。

(3) Fe^{3+} 对 Mg^{2+}、Al^{3+} 鉴定均有干扰,鉴定前应加以分离。可采用控制 pH 的方法先将 Ca^{2+}、Mg^{2+} 与 Al^{3+}、Fe^{3+} 分离。

实验二十八　鸡蛋壳中钙、镁含量的测定

一、实验目的

1. 进一步巩固掌握滴定分析的基本操作。
2. 学习使用配位掩蔽排除干扰离子影响的方法。
3. 练习测定实物试样中某组分含量的一般步骤。

二、实验原理

鸡蛋壳的主要成分为 $CaCO_3$，蛋白质，色素以及少量的金属元素 Fe，Al 等。在 pH＝10 时，用铬黑 T 作指示剂，可用 EDTA 直接测量 Ca^{2+}、Mg^{2+} 总量。为提高配合物选择性，在 pH＝10 时，加入掩蔽剂三乙醇胺使之与 Fe^{3+}，Al^{3+} 等离子生成稳定的配合物，以排除它们对 Ca^{2+}，Mg^{2+} 测量的干扰。

三、实验内容

(1) 自拟蛋壳的预处理过程，设计确定蛋壳称量范围的实验方案。

(2) 设计三种方案进行 Ca^{2+}、Mg^{2+} 含量的测定。

(3) 记录数据并进行数据处理。

(4) 通过三种方案的设计与实施，总结并比较三种测定蛋壳中钙、镁含量方法的优缺点。

四、问题与讨论

1. 如何确定蛋壳粉末的称量范围？
2. 蛋壳粉末溶解稀释时为什么会出现泡沫？应如何消除泡沫？

注

(1) 蛋壳需要经过预处理，才能达到分析的要求。

(2) 经过预处理的蛋壳可以设计三种方案进行测定：

① 配位滴定法测定蛋壳中钙和镁的总量：在 pH＝10 时，用铬黑 T 作指示剂，可用 EDTA 直接测定 Ca^{2+}，Mg^{2+} 总量，加入掩蔽剂三乙醇胺以排除 Fe^{3+}，Al^{3+} 等对 Ca^{2+}，Mg^{2+} 测定的干扰。

② 酸碱滴定法测定蛋壳中 CaO 的含量：蛋壳中的碳酸盐能与盐酸发生反应，过量的酸可用 NaOH 标准溶液返滴，根据实际与 $CaCO_3$ 反应的标准 HCl 溶液的体积求得蛋壳中 CaO 含量，以 CaO 质量分数表示。

③ 高锰酸钾法测定蛋壳中 CaO 的含量：利用蛋壳中的 Ca^{2+} 与草酸盐形成难溶的草酸钙沉淀，将沉淀过滤、洗涤、分离后溶解，用高锰酸钾法测定 Ca^{2+} 含量。

基础化学实验报告册

主编　许　兵

学　校：________________________

学　院：________________________

专　业：________________________

班　级：________________________

学　号：________________________

姓　名：________________________

20　年—20　年第　学期

分子中的烯二醇基具有还原性，能被 I_2 氧化成二酮基，如图 4-1 所示。

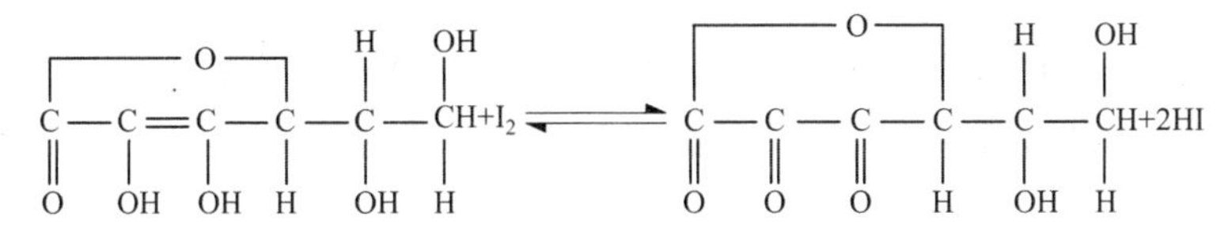

图 4-1　维生素 C 与 I_2 的反应

1 mol 维生素 C 与 1 mol I_2 定量反应，该反应可以用来测定药物、食品中的维生素 C 含量。

由于维生素 C 的还原性很强，标准电极电位仅为 0.18 V，在空气中极易被氧化，尤其是在碱性介质中，所以测定时加入 HAc 使溶液呈酸性，减少滴定过程中的副反应。

维生素 C 的电极反应式为

$$C_6H_6O_6 + 2H^+ + 2e^- = C_6H_8O_6$$
$$\varphi^{\ominus} = +0.18\ V$$

三、实验用品

仪器或器具：恒温水浴箱，烘箱，称量瓶，电子天平（0.1 mg），烧杯（100 mL，250 mL），容量瓶（100 mL，250 mL），锥形瓶（250 mL），试剂瓶（500 mL 磨口瓶），洗瓶，吸耳球（50 mL），酸式滴定管（50 mL），碱式滴定管（50 mL），移液管（25 mL），刻度吸管（1 mL，2 mL，5 mL，10 mL）。

试剂：邻苯二甲酸氢钾（s，AR），HAc 溶液（2.0 $mol \cdot L^{-1}$），淀粉溶液（0.2%），$Na_2S_2O_3 \cdot 5H_2O$（s，AR），$K_2Cr_2O_7$（s，AR），20% KI 溶液，盐酸（6.0 $mol \cdot L^{-1}$）。

四、实验内容

1. 0.050 $mol \cdot L^{-1}$ $K_2Cr_2O_7$ 标准溶液的配制

将分析纯 $K_2Cr_2O_7$ 于 150～180 ℃干燥 2 h，置于干燥器中冷却至室温。用电子天平准确称取 0.612 9 g $K_2Cr_2O_7$ 置于小烧杯中，加水溶解，再转入 250 mL

容量瓶中，稀释至刻度线，摇匀。

2. 0.10 mol·L^{-1} I_2 溶液的配制

称取 3.3 g I_2 和 5.0 g KI，置于研钵中，加入少量水研磨（通风橱中操作），待 I_2 全部溶解后，将溶液转入棕色试剂瓶中。加水稀释至 250 mL，摇匀，暗处保存。

3. 0.10 mol·L^{-1} $Na_2S_2O_3$ 溶液的配制

称取 $Na_2S_2O_3 \cdot 5H_2O$ 12.5 g 置于 400 mL 烧杯中，加入约 0.1 g Na_2CO_3，用新煮沸经冷却的蒸馏水稀释到 500 mL，保存于棕色瓶中，在暗处放置一周后再标定浓度。

4. 0.10 mol·L^{-1} $Na_2S_2O_3$ 溶液的标定

用移液管吸取 $K_2Cr_2O_7$ 溶液 25.00 mL 置于 250 mL 锥形瓶中，加入 5.0 mL 6 mol·L^{-1} 盐酸，再加入 20% KI 溶液 5.0 mL，摇匀后放在暗处 5 min 后，立即用待标定的 $Na_2S_2O_3$ 溶液滴定至呈淡黄色，加 0.2%淀粉溶液 5.0 mL，继续用待标定的 $Na_2S_2O_3$ 溶液滴定至蓝色刚好消失，计算 $Na_2S_2O_3$ 溶液浓度。平行测定 3～5 份，计算平均值。

5. I_2 标准溶液的标定

吸取 25.00 mL $Na_2S_2O_3$ 标准溶液 3 份，分别置于 250 mL 锥形瓶中，加入 50.0 mL 水、2.0 mL 淀粉溶液，用 I_2 滴定至溶液呈稳定的蓝色，半分钟不褪色即为终点。平行测定 3～5 份，计算 I_2 溶液的浓度。

6. 维生素 C 片中维生素 C 含量的测定

取维生素 C 片 1 片到 2 片（质量大于 0.2 g），在研钵中研碎，准确称重后置于锥形瓶中，加 10.0 mL 2.0 mol·L^{-1} HAc 溶液，加水 30.0 mL，淀粉指示剂 2.0 mL，立即用 I_2 标准溶液滴定至溶液呈稳定的蓝色，即为终点，平行测定 3～5 份，计算维生素 C 的百分含量。

五、问题与讨论

1. 配制 $Na_2S_2O_3$ 溶液所使用的蒸馏水为什么要先煮沸再冷却后才能使用？

2. 为什么要用强氧化剂与 KI 反应产生 I_2 来标定 $Na_2S_2O_3$，而不能用氧化剂直接反应来标定 $Na_2S_2O_3$？

实验四　醋酸浓度的测定

日期：________年________月________日

一、实验目的

二、实验原理

三、实验内容

1. NaOH 溶液浓度的标定

2. 醋酸溶液浓度的测定

3. 数据记录与结果处理

(1) $KHC_8H_4O_4$ 标定 NaOH 溶液

$m(KHC_8H_4O_4)=$________g, $M(KHC_8H_4O_4)=204.21\ g \cdot mol^{-1}$

$c(KHC_8H_4O_4)=$________$mol \cdot L^{-1}$, $V(KHC_8H_4O_4)=25.00\ mL$

指示剂:________

项　目	平行试样		
	1	2	3
NaOH 终读数/mL			
NaOH 初读数/mL			
$V(NaOH)$/mL			
$c(NaOH)/(mol \cdot L^{-1})$			
$\bar{c}(NaOH)/(mol \cdot L^{-1})$			
相对平均偏差			

(2) NaOH 滴定 HAc 溶液

$c(NaOH)=$________$mol \cdot L^{-1}$, $V(HAc)=10.00\ mL$

指示剂:________

项　目	平行试样		
	1	2	3
NaOH 终读数/mL			
NaOH 初读数/mL			
$V(NaOH)$/mL			
$c(HAc)/(mol \cdot L^{-1})$			
$\bar{c}(HAc)/(mol \cdot L^{-1})$			
相对平均偏差			

四、讨论与思考

实验六　高锰酸钾法标定 H_2O_2 含量

日期：________年________月________日

一、实验目的

二、实验原理

三、实验内容

1. $KMnO_4$ 标准溶液浓度的标定

2. 双氧水中 H_2O_2 百分含量的测定

四、数据记录与结果处理

1. $KMnO_4$ 标准溶液浓度的标定

$$c\left(\frac{1}{5}KMnO_4\right)=\frac{m(Na_2C_2O_4)\times\frac{25.00}{250.0}}{V(KMnO_4)\times\frac{M\left(\frac{1}{2}Na_2C_2O_4\right)}{1\ 000}}$$

$$m(Na_2C_2O_4)=\underline{\qquad\qquad}g，M\left(\frac{1}{2}Na_2C_2O_4\right)=67.00\ g\cdot mol^{-1}$$

项　目	平行试样		
	1	2	3
$KMnO_4$ 终读数/mL			
$KMnO_4$ 初读数/mL			
$V(KMnO_4)$/mL			
$c\left(\frac{1}{5}KMnO_4\right)/(mol\cdot L^{-1})$			
$\bar{c}\left(\frac{1}{5}KMnO_4\right)/(mol\cdot L^{-1})$			
相对平均偏差			

2. 双氧水中 H_2O_2 百分含量的测定

$$H_2O_2\%=\frac{c\left(\frac{1}{5}KMnO_4\right)\times V(KMnO_4)\times\frac{M\left(\frac{1}{2}H_2O_2\right)}{1\ 000}}{V(H_2O_2)}\times100\%$$

$$M\left(\frac{1}{2}H_2O_2\right)=17.01\ g\cdot mol^{-1}，V(H_2O_2)=25.00\ mL$$

$$c\left(\frac{1}{5}KMnO_4\right)=\underline{\qquad\qquad}mol\cdot L^{-1}$$

项　　目	平行试样		
	1	2	3
$KMnO_4$ 终读数/mL			
$KMnO_4$ 初读数/mL			
$V(KMnO_4)$/mL			
H_2O_2%(以质量分数计)			
H_2O_2%平均值(以质量分数计)			
相对平均偏差			

五、讨论与思考

实验七　醋酸电离常数的测定及弱酸-强碱滴定曲线的绘制

日期：________年________月________日

一、实验目的

二、实验原理

三、实验内容

四、数据记录及结果处理

1. 实验记录

酸度计编号：________，校正酸度计的标准溶液 pH=________

$c(\mathrm{HAc})=0.1\ \mathrm{mol\cdot L^{-1}}$，$V(\mathrm{HAc})=25.00\ \mathrm{mL}$

$c(\mathrm{NaOH})=$ ________ $\mathrm{mol\cdot L^{-1}}$

指示剂：________

$V(\mathrm{NaOH})/\mathrm{mL}$												
pH												
$V(\mathrm{NaOH})/\mathrm{mL}$												
pH												
$V(\mathrm{NaOH})/\mathrm{mL}$												
pH												
$V(\mathrm{NaOH})/\mathrm{mL}$												
pH												

滴定曲线贴图：

2. 数据处理

酚酞变色时，溶液 pH＝________，此时 V(NaOH)＝________mL；

从滴定曲线上找出滴定终点，$V_{终}$＝________mL，pH＝________；

再在滴定曲线上找出对应 $V(\text{NaOH})=\frac{1}{2}V_{终}$ 处溶液 pH＝________；

$\lg K_{HAc}$＝________，K_{HAc}＝________。

五、讨论与思考

实验八　水的总硬度测定

日期:________年________月________日

一、实验目的

二、实验原理

三、实验内容

1. EDTA 标准溶液的配制和标定

项　　目	平行试样		
	1	2	3
EDTA 终读数/mL			
EDTA 初读数/mL			
EDTA 标准溶液用量 V_{EDTA}/mL			
ZnO 的质量 W_{ZnO}/g			
EDTA 标准溶液的浓度 $c_{EDTA}/(mol \cdot L^{-1})$			
EDTA 标准溶液的浓度平均值 $\bar{c}_{EDTA}/(mol \cdot L^{-1})$			
相对平均偏差			

2. 水的总硬度测定

项　　目	平行试样		
	1	2	3
EDTA 终读数/mL			
EDTA 初读数/mL			
EDTA 标准溶液用量 V_{EDTA}/mL			
$V_{水样}$/mL			
水的总硬度/($mmol \cdot L^{-1}$)			
水的总硬度平均值			
相对平均偏差			

四、讨论与思考

实验九　分光光度法测定水中微量铁

日期：________年________月________日

一、实验目的

二、实验原理

三、实验内容

1. 最大吸收波长测定

λ/nm	405	410	415	420	425	430	435	440	445	450
吸光度 A										
λ/nm	455	460	465	470	475	480	485	490	495	500
吸光度 A										

吸收曲线贴图：

2. 标准曲线的绘制和待测溶液的测定

λ_{max}=________

项　　目	试　　样							
	空白	1	2	3	4	5	6	未知
标准 Fe^{3+} 溶液体积/mL	0.00	0.50	1.00	1.50	2.00	2.50	3.00	1.00
Fe^{3+} 在 50 mL 溶液中质量/μg	0	50	100	150	200	250	300	
吸光度 A								

标准曲线贴图：

未知溶液中 Fe^{3+} 含量 $=\dfrac{\text{从标准曲线查得含铁量}}{1\ \text{mL}}=$ ________ $\mu g \cdot mL^{-1}$

四、讨论与思考

实验十　配合物的形成与性质

日期：________年________月________日

一、实验目的

二、实验原理

三、实验内容

1. 配合物的制备

实验步骤	实验现象	解释、结论及化学反应方程式

2. 配离子和简单离子的差别

实验步骤	实验现象	解释、结论及化学反应方程式

3. 配离子稳定性的比较

实验步骤	实验现象	解释、结论及化学反应方程式

4. 配位平衡与沉淀平衡

实验步骤	实验现象	解释、结论及化学反应方程式

5. 配位平衡与酸碱平衡

实验步骤	实验现象	解释、结论及化学反应方程式

6. 配位平衡与氧化还原反应

实验步骤	实验现象	解释、结论及化学反应方程式

7. 设计实验

四、讨论与思考

实验十一　化学反应速率与化学平衡

日期：________年________月________日

一、实验目的

二、实验原理

三、实验内容

四、数据记录与结果处理

1. 浓度对反应速率的影响

$c_{KIO_3}/(mol \cdot L^{-1})(\times 1\,000)$	1	2	3	4	5
反应时间 t/s					
反应速率 $v/(mol \cdot L^{-1} \cdot s^{-1})(100/t)$					

注：实验所用其他试剂包括 Na_2SO_3 溶液和稀 H_2SO_4。

作图：

结论：

2. 温度对反应速率的影响

实验温度 T/℃			
反应时间 t/s			
反应速率 v/ ($mol \cdot L^{-1} \cdot s^{-1}$)($100/t$)			

注：实验所用试剂包括 Na_2SO_3 溶液，稀 H_2SO_4 及 1 $mmol \cdot L^{-1}$ KIO_3 溶液。

结论：

3. 催化剂对反应速率的影响

4. 浓度对化学平衡的影响

五、讨论与思考

实验十三　胶体的制备及性质

日期：________年________月________日

一、实验目的

二、实验原理

三、实验内容

1. $Fe(OH)_3$ 溶胶的制备

2. 电解质对胶体溶液的作用

实验步骤	实验现象	解释、结论与化学反应方程式

3. 脱水剂对胶体溶液的作用

实验步骤	实验现象	解释、结论与化学反应方程式

4. 高分子溶液的保护作用

实验步骤	实验现象	解释、结论与化学反应方程式

四、讨论与思考

实验二十二　色层分析

日期：________年________月________日

一、实验目的

二、实验原理

三、实验内容

1. 薄层层析

2. 柱层析

四、数据记录与结果处理

1. 薄层层析

已知样品色斑的比移值 R_{f1}＝________；R_{f2}＝________。

未知样品色斑的比移值 R_{f3}＝________；R_{f4}＝________。

2. 柱层析结果(现象描述)

五、讨论与思考